大人
自由
mi

飛ぶ! 撮る! ドローンの購入と操縦

はじめて買って飛ばすマルチコプター

高橋亨 監修

技術評論社

CONTENTS

Part4 プロなみの空撮を楽しもう【上級編】

Part5 レベル別おすすめドローンカタログ

《ご注意》

- 本書に記載された内容は、情報の提供のみを目的としています。したがって、本書を用いた運用は、必ずお客様自身の責任と判断によって行ってください。これらの情報の運用の結果について、技術評論社および著者はいかなる責任も負いません。
- 本書記載の情報は、2015年8月28日現在のものを掲載していますので、ご利用時には変更されている場合もあります。
- ソフトウェアはバージョンアップされる場合があり、本書での説明とは機能内容や画面図などが異なってしまうこともありえます。また、ウェブサイトは定期的に更新されるため、本書とは画面や機能が異なることや、アドレスが変わってリンク切れとなることもあります。製品の価格は時間の経過とともに変更されていることがあります。
- 以上の注意事項をご承諾いただいた上で、本書をご利用願います。これらの注意事項をお読みいただかずに、お問い合わせいただいても、技術評論社および著者は対処しかねます。あらかじめ、ご承知おきください。
- 本書に掲載の価格はとくに（税込）と記載のあるもの以外はすべて本体価格（税別）です。
-

ドローンで見る景色
The view from the drone

1 バリ島
Bali

1 バリ島 Bali

INSPIRE 1を使い、バリ島北部を集中的に撮影したものです。南部より田舎っぽいので森林などが多く、人工物（電柱など）も少ないので、どこを撮影しても絵になりました。空気もとても澄んでおり、撮影に最適な環境でした。INSPIRE 1を初めて海外に持ち出しましたが、他の機種にはない機動力ですんなり運搬できました。

撮影時期　2015年4月　※動画は再生環境により見られる画質が異なります。

動画を
チェック！

【URL】
https://youtu.be/lpfT4kGRoQU

2 白馬
Hakuba

仕事で出向いた白馬にて休憩時間を利用して撮影しました。ちょうど雪解けのシーズンと重なり、川の水が大変きれいだったのが印象に残っています。あまり時間がなかったので1フライトのみでしたが、満足できる動画が撮影できました。

撮影時期　2015年5月

動画をチェック!

【URL】
https://youtu.be/caAtmyxt3fo

3 4K DEMO Movie

INSPIRE 1を購入後、初めて4Kでのデモ映像に挑戦したときの動画です。静止物・移動物の撮影などを試し、いいシーンを集めたものです。初のINSPIRE 1撮影ということもあり、今見るとややぎこちなさも見られますね。撮影テクニックの実例としてご覧ください。

撮影時期　2015年1月

動画を
チェック！

【URL】
https://youtu.be/snKA8-VDhsA

ウェイクボード 4

wakeboard

私がフライト練習をしている河川敷ではウェイクボーダーの練習が行われており、日頃からよく撮影させていただいています。彼らとはFacebookを通じて連絡を取るようになり、いつも好意的に撮影に協力して頂いています。この動画も1日のフライトを編集したものです。ボートは常に動くので、撮影のいい練習になっています。

撮影時期　2015年5月

動画をチェック！

【URL】
https://youtu.be/WTFOYajuC2w

Tooru Takahashi

ドローンは簡単に「浮かせる」ことができるラジコンですが、
自由自在に「飛ばす」となると操縦技術が必要です。

あまりにも簡単に浮いてしまうので今までの空物ラジコンと違い、
徐々に操縦を覚えていく過程をつい忘れがちです。
その中でモラルやルールなども植えつけられていくものですが、
何も知らずに簡単に浮かせて操縦不能になり、
墜落を起こすという事故も増えています。

操縦技術はいきなり身につくものではありませんが、
目標を持って練習すると上達スピードは段違いに上がります。

本書では、これからドローンを始めたいという方の指標となるよう、
わかりやすく解説や練習方法などを盛り込みました。
焦らずにじっくりとドローンに取り組んで、
安全なフライトを楽しんでください。

高橋 亨

2000年代後半、自在に空を飛ぶラジコンヘリコプターのフライト動画を見て、独学でラジコンを始める。自身で考案した練習メニューで技術を磨き、競技会やイベント、オフラインミーティングなどにも参加。現在はNPO法人 日本3DX協議会の理事代表を務めながら、ハイテック マルチプレックス ジャパンのサポートフライヤーとしても活動。自身が経営する会社でドローンを取り入れさまざまな空撮業務を行っている。

【ドローン経歴】

■2015年1月25日
第1回Japan Drone Championship上級者レベル優勝
■2015年4月5日
第2回Japan Drone Championship上級者レベル優勝
■2015年6月4日
EE東北'15 UAV(マルチコプター)競技会一般参加部門 準優勝
■2015年8月1日
DJI EXPO Drone Race 第1レース準優勝・第2レース優勝
そのほか、PV、CM空撮映像多数

ドローンを
正しく理解しよう

誰でもすぐに遊べるのがドローンの魅力ですが、それゆえ知識や技術が伴わないユーザーが増え、さまざまな問題が起きています。Part1では実際に機体を触る前に、ドローンの知識を紹介。飛行の原理から機体の選び方、さらに規制やマナーなどを詳しく解説します。正しい知識で、安心・安全にドローンを楽しみましょう。

Part 1

取材協力:ハイテック マルチプレックス ジャパン

STEP 1

そもそも、ドローンって何？

世間をにぎわしている「ドローン」は、ホビー用、商業用ともに大注目のアイテム。
そもそもドローンとは何か、なぜ近年関心が高まっているのかを知っておきましょう。

操作が簡単

複数のローターを使うことで、ヘリコプターよりも繊細な操作ができます。

高い安定性

さまざまなセンサーを搭載しており、より安定した飛行が可能です。

最新技術で

飛行サポート

「GPS」が搭載されている機体では、ホバリングを補助したり、自動操縦などもできます。

リアルタイムで

鳥の目を体験

「FPV（ファーストパーソンビュー）機能」があれば、リアルタイムのカメラ映像を見ながら飛ばすことが可能です。

カメラを搭載

カメラつきの機体では、手軽に空撮することができます。カメラは別売の場合もあります。

ホビーから商業用まで 注目を集める新しい空物ラジコン

いま「ドローン」といえば、4つの回転翼で空を飛ぶラジコン（以下RC）を思い浮かべる人が多いでしょう。それもドローンの一種ですが、広くは「無人航空機」を指す言葉です（語源は雄のハチ）。以前から軍用では飛行機型のドローンが利用されてきましたが、近年は民間でも荷物の配送や空撮などのビジネスに活用しようという動きがあります。公共目的でも、事故や災害時の状況把握や物資輸送などへの利用研究が進んでいます。

一方、趣味のRCの世界では飛行機やヘリコプターを「空物《そらもの》」と呼んできました。ドローンもそれと同じ仲間です。空物のなかでも複数の羽根を持つヘリコプター型の機体を「マルチコプター」と呼んでいます。

RCホビーとしてのマルチコプターが広がったのは2012年以降。モバイル技術の進化のおかげでセンサーやGPSの小型汎用化が進みました。それがマルチコプターに搭載され、高い操縦技術が必要な空物RCのハードルが下がったのです。カメラも小型高解像度に、空撮も手軽になりました。さらに映像を無線で飛ばし、スマートフォンやタブレットで見ながら飛ぶ「FPV」（ファーストパーソンビュー）も実現。こういった要因が従来のRCファン以外の人たちの興味もとらえてファン層が広がったのです。

Check

広がるドローンの世界

ドローンは近年急激に進化しています。ホビー用では、屋内で遊べる超小型の機種や、本格的な空撮が手軽にできる機種もあります。民間では農薬散布、地理計測など幅広い分野での活躍が期待されています。

ドローンの研究、訓練環境の整備も進んでいます。

ホビー用では手の平サイズのミニドローンも人気です。

STEP 2

ドローンが安定して飛ぶ理由

ドローンの安定飛行を可能にする理由は、4つ～8つの複数のローター(回転翼)を使用していることにあります。高度な操作技術が必要な従来型のヘリコプターと比較し、その原理を説明しましょう。

Front

Back

ドローン(クアッドコプター)のローター回転方向。揚力を得るローターは隣り合うローターとは反対方向に回転しています。これにより反トルクを相殺して安定した飛行ができるのです。

複数ローターで機体をバランスさせて安定飛行できる

ドローンが飛ぶ力は基本的にヘリコプターと同じで、ローター（回転翼）の生み出す揚力です。しかし、一般的なヘリコプターはローターが1つ（シングルローター）ですが、ドローンは4つ、6つ、8つといった複数枚のローターを持っています。これが飛行の安定性や操縦性にも大きな違いをもたらします。

シングルローターの場合、ローターが回るとその反作用で機体がローターと逆方向に回ろうとする力（反トルク）が生じます。そのため、尾部にテールローターを設けて反トルクとは逆方向の力を与えて機体の回転を防いでいます。一方、マルチコプターでは隣り合うローターを逆方向に回転させており、これによって反トルクを相殺しています。テールローターは必要なく、全ローターが水平に回転し揚力を生みます。

また、ヘリコプターはローターの回転面の角度を変えて前後左右に移動しますが、ドローンは各ローターの回転数を調整して、揚力の差異で前後左右に移動します。ローターの回転面を変える機構は不要で、シンプルな構造にできるのです。

【ヘリコプターの原理】

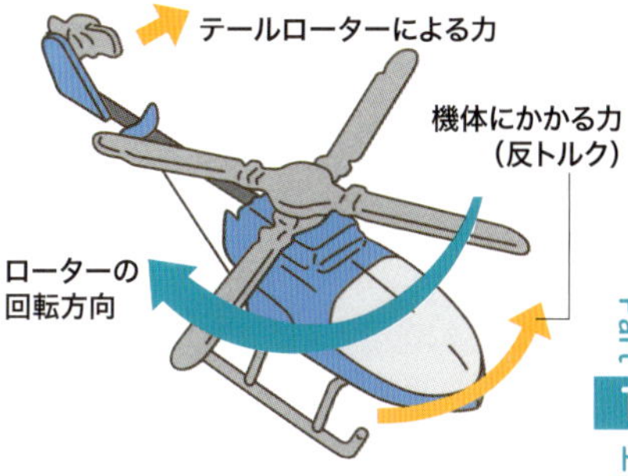

メインローターで揚力を得て、テールローターで反トルクを打ち消して機首の向きを保ちます。

【ドローンの原理】

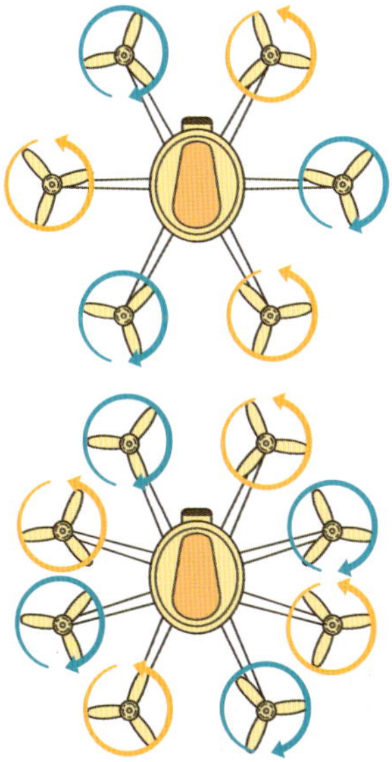

ホビー向けで一般的なクアッドコプター（4ローター）のほかに、ヘキサコプター（6ローター）、オクトコプター（8ローター）などがありますが、いずれも隣り合うローターは逆方向に回転しています。

STEP 3

ドローンの操縦原理を知ろう

マルチコプターはどうやって自由自在に飛べるのでしょうか。
複数ローターの回転速度を個々に制御することで、複雑な動きを可能にします。

ローターの回転数で自由に機体を操る

ドローンの操縦は、基本的に次の4種類の操作の組み合わせです。「スロットル」は上昇／下降のこと、「エレベーター」は前進／後進のこと、「エルロン」は左／右への平行移動、「ラダー」は機体の左／右旋回です。まずこの4つの用語を覚えましょう。

ドローンは、複数のローターの回転速度を制御することだけですべての操作を行っています。スロットルでは、すべてのローターを一緒に速くすることで上昇、遅くすることで下降します。ある回転数でローターの生む揚力と機体の重量が釣り合うと、「ホバリング」といって浮上状態で静止します。

水平移動や旋回の操作は、ローターの回転速度を個々に変えることで実現します。エレベーターは、後方のローターを速めると前進、前方のローターを速めると後進します。エルロンは、右側のローターを速めると左へ、左側のローターを速めると右へ移動します。

ラダーは、各ローターの反トルクを利用します。対角線上にある右回転のローターを速めると左旋回、左回転のローターを速めると右旋回します。これらを自在に組み合わせることで、ヘリコプターや飛行機には難しいとされる、繊細で滑らかな動きが可能になるのです。

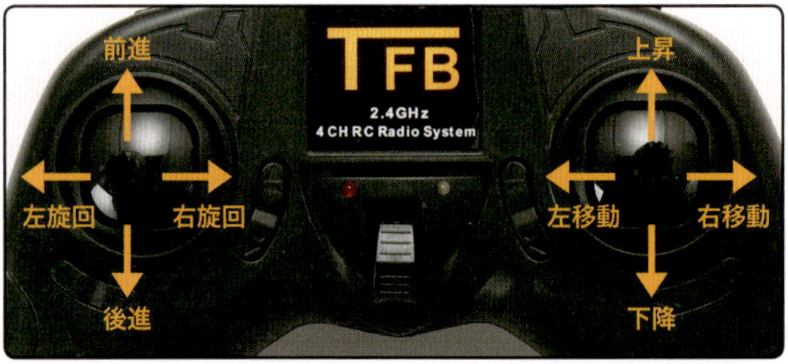

実際のドローン送信機。ヘリコプターより簡単とはいえ、4つの動作を同時に行うため、ある程度の練習が必要です。

前進（エレベーター）の原理

回転速度の速い後方が上がり、速度の遅い前方が下がることで機体が前に傾き、前に進む。前後の回転数を逆にすると後方に進みます。

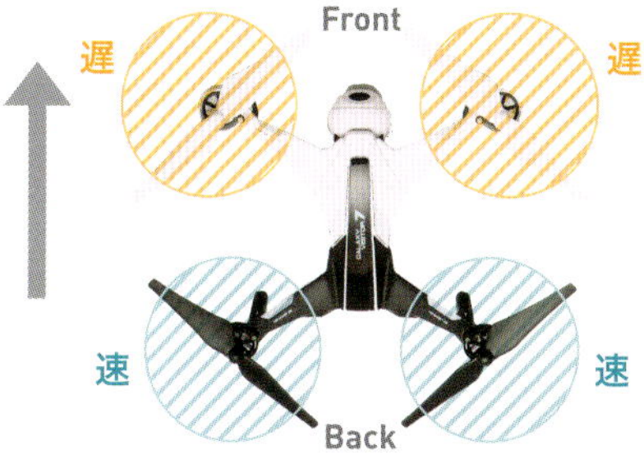

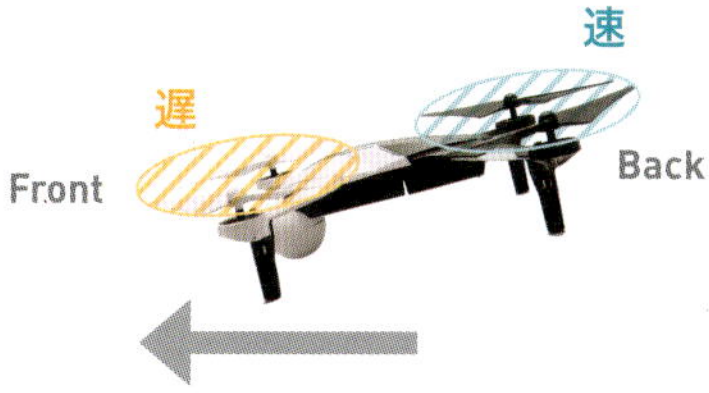

右移動（エルロン）の原理

回転速度の速い左側が上がり、速度の遅い右側が下がることで機体が横に傾き、機体は平行に右に移動。反対も同じです。

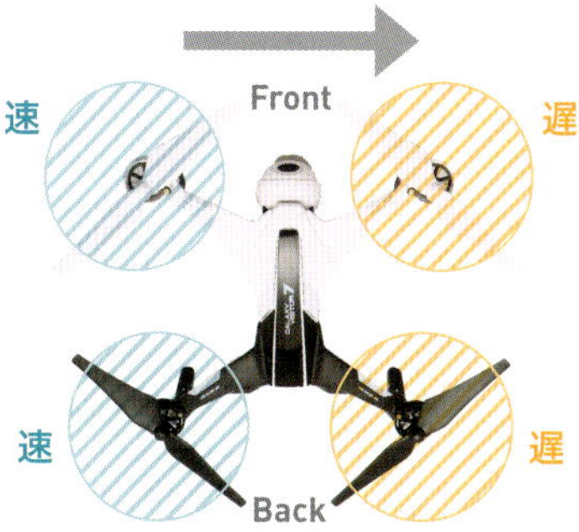

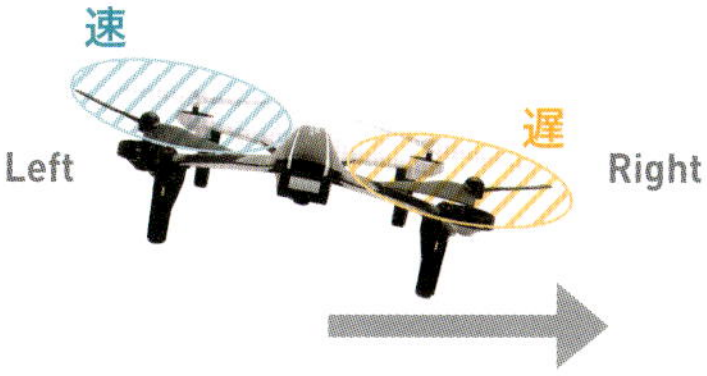

左旋回（ラダー）の原理

右回りのローターの回転速度が左回りのローターを上回ると、機体全体が左に旋回します。逆に左回り>右回りにすると右に旋回します。

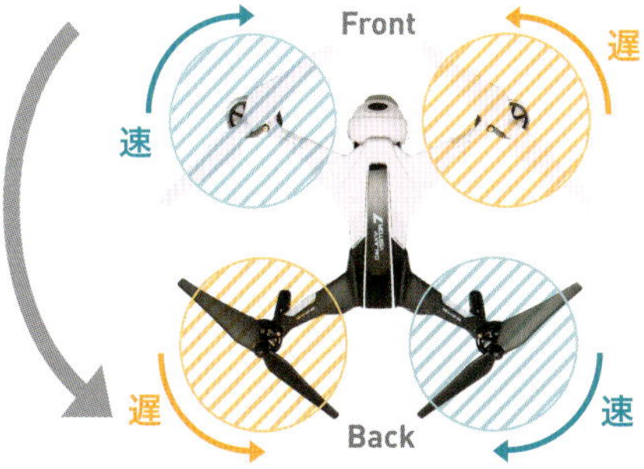

STEP 4

ドローンを選ぼう

思い切って高いドローンを買っても、操縦不能でいきなり壊したり、わずかの時間でロストしたり。新しい趣味だからこそ、最初の機種の選び方はとても重要です。

「すぐ飛ばせる」と「自由に飛ばせる」は違う

前ページで説明したような操作の基本は、RCのヘリコプターを飛ばした人には知識があるでしょう。それさえ知らない、まったく空物RCがはじめてという人でもとりあえず飛ばせてしまうのがドローンです。

しかし本来は、操縦者が送信機を使って操縦するのが当然で、それがRCの醍醐味でもあります。車の運転を習得するにも時間がかかるように、ゼロから始めて事故を起こさないレベルに達するにはそれなりの練習が必要です。3次元空間を飛ぶドローンは、4つの操作を同時かつ繊細に組み合わせるため、むしろ要求される技術は高いといえます。

では、はじめての人が買う機体は何がいいのでしょうか。ポイントは「目的」「操作レベル」「予算」の3点です。カメラつきの機体ならば空撮やFPVが楽しめますし、GPSが装備されていれば座標指示による飛行も可能です。

しかし、結局は操縦する人の腕次第。車と同じで初心者はぶつけたり、落としたり、壊したりします。最悪は制御不能でロスト（紛失）してしまうことも。そうなると目的以前で買い直しです。まだ教習所レベルと自覚するなら、安価で操作性のよい練習機で練習し、自信がついてから上位の機体へと移行するほうが、結果的に安く長く楽しめるでしょう。

Point

目的

カメラがついているか（またはつけられるか）、FPV機能があるか、室内で飛ばせるかなど、利用シーンを想像してみましょう。

操作レベル

ドローンの操作方法は基本的にすべて同じ。RCの経験がない初心者は、慣れるまでは安価なものからスタートしたほうがいいでしょう。

予算

高価な機体を十分に楽しむためにも、最初は練習機やシミュレーター（P70参照）での操作練習がおすすめです。

▶レベル別の代表的な機体

初級向け

まずは安価な機体でドローンに“慣れる”ことからはじめましょう。屋内で気軽にできる小型タイプもおすすめです。

GALAXY VISITOR 8

抜群の安定性を誇る入門機。軽いため落としても壊れにくいのも利点です。

中級向け

カメラで本格的に空撮したり、アクロバティックな飛行ができたりと選択肢が増えるのが中級機。3〜10万円台で充実した機能を楽しめます。

RC EYE One Xtreme

小型ドローン最高峰の機動性を誇る万能機。アクションカムを搭載できるなどカスタムも可能です。

Phantom 3

ハイクラスの空撮を一般ユーザーでも可能にした人気機種。

上級向け

プロ顔負けの美しい空撮をしたいという上級者におすすめ。価格帯は10万円以上が大半です。

INSPIRE 1

とにかく美しい空撮を楽しめる機体。オールインワンなので総合的にはお買い得感も高い。

STEP 5

ドローンを購入しよう

自分の腕と目的に応じて買いたい機種が決まったら、いよいよ機体を購入しましょう。新しいホビーなので、まだ購入できるお店や場所が限られています。

▶主な販売場所

模型専門店

RCの知識の豊富なスタッフがいる専門店なら安心。近年は減少傾向にあります。

オンラインショップ

いつでもどこでも購入可能。商品が正規品であるかどうかに注意しましょう。

家電量販店

近年のブームを受けてドローンを販売している店舗も増えてきています。専門スタッフがいるとは限りません。

アフターサービスを確認しよう

RCといえば以前は町の模型店が中心でした。しかし、近年はインターネットのオンラインショップで購入する人が増えており、家電量販店でもドローンを取り扱うようになりました。気軽に価格を比較できて便利になった一方で、デメリットもあります。通販や家電量販店では専門知識を持つスタッフとやりとりが十分にできるとは限らないため、もし故障やトラブルがあっても、なんとか自分で解決する心構えが必要となります。また、通販では保証やサービスを受けられる正規輸入品を選ぶように注意しなければいけません。

上級機種になると、購入後の修理や操縦訓練などのサービスまで含めて考えるべきでしょう。メーカーによっては、購入者登録をすればドローンのアフターサービスや講習会を受けることもできます。

Point

並行輸入品に注意！

現在ドローンは海外メーカーが多く、通販では正規代理店とは異なるルートで輸入された並行輸入品のこともあります。その場合は日本の販売代理店でのサービスは受けられなくなります。

STEP 6 ドローンオーナーの心得

手軽で簡単だからこそ、ドローンには事故のリスクもあります。
ドローンで遊ぶ前に、まずはオーナーとしての心得を理解しましょう。

原則

ドローンは“落ちるもの”と知り、安全を第一に行動すること

空を飛ばす魅力と隣り合わせの危険を意識する

ドローンを購入したら、家の近くで今すぐ飛ばしたい…気持ちはわかりますが、その前に知っておくべきことがあります。根幹にあるのは「空を飛ぶものは必ず落ちる危険性がある」ということです。ドローンは簡単に飛ばせると思いがちですが、ヘリコプターや飛行機などの空物RCは、RCの最高峰といえる難易度の高い遊び。だからこそ人目につくような場所で飛ばしている人はいません。飛ばすことで起こりうる危険を十分に理解し、最悪の事態を想定して、安全を最優先しましょう。

ドローンオーナーの三大心得

❶人に危害を与えない

高速回転するローターを持つ、数百g～数kgの物体が高速で人にぶつかったら…重傷を負わせたり、最悪は命にかかわります。

❷社会に損害を与えない

航空、鉄道、道路、送電網、政府機関など、重要な社会インフラを担う場所を飛行して業務を妨害した場合、損害賠償や刑罰もありえます。

❸人の財産や権利を侵害しない

他人の私有地に勝手に入ったり、プライバシーを侵害するのは、民法の不法行為にあたります。

STEP 7

飛行できない場所を知ろう

入門ファンの増加によって飛行場所をめぐるトラブル、事故が問題になっています。法整備が進んでいますが、今後さらに飛ばす場所が制限されるおそれもあります。

飛ばす場所はもっとも慎重に選ぼう

オーナーの心得を集約すると、「どこで飛ばすか」が最大の問題になります。基本的な条件は、①人がいない、②周囲が見渡せる、③障害物がない、十分に広い場所です。私有地であれば理想的ですが、ファンの増加で専用飛行場や夏季にドローンを飛ばせるスキー場など、民間でも飛ばせる場所が増えてきています。ご自宅の近くに適切な場所があるか探してみましょう（P28）。

逆に、代表的な飛行禁止の場所を挙げておきます。これ以外にも、河川敷などでも自治体が条例で禁止している場所は飛ばしてはいけません。国会で法整備が進んでいますが、その流れを注視しながら、常に最新の情報をチェックしておきましょう。近くに飛ばせる場所がないのなら、わざわざ移動してでも安全な場所で飛ばすほうが、結局は自分のためになります。

重要機関や空港の近く

2015年にはドローンが首相官邸に墜落するという事件がありましたが、重要機関周辺の飛行は絶対にNGです。空港の近くも同様ですが、それに加えて強い電波により操作が不能になる危険性もあります。

電波障害を受けやすい場所

電波で操作するドローンの大敵といえるのが、電波障害を受けやすい場所。高圧鉄塔や送電線の近くでは電波が混信して操作できなくなることもあります。また、Wi-Fiの電波が多い場所でも影響を受ける恐れがあります。

公園など人の多い場所

接触や墜落の可能性を考えるととても危険なので、人のいる公園では絶対に飛ばしてはいけません。現在、東京都内の都立公園や庭園など119カ所すべてでドローンの飛行が禁止となっています。大阪市でも同様です。

線路や道路の上

墜落した場合のリスクを考えれば、線路の上や道路の上での飛行はNGです。道路に落ちて交通の妨げとなった場合は道路交通法に抵触することになります。

市街地

公園と同じ理由で、通行人に墜落する危険性が一番の理由ですが、実は市街地は強いビル風が吹くので、ドローンの操作が極めて難しい場所。マナー、安全、リスク回避のすべての点から見て飛ばしてはいけません。

ドローンのマナーを守ろう

**ドローンを楽しく飛ばすには、周囲への配慮やマナーも必要です。
規制が整っていない今だからこそ、大人としてのモラルを保って遊びましょう。**

他人に
カメラを
向けない
私有地に
入らない
集合住宅の
前を
飛ばない

カメラつきのドローンはプライバシー侵害の恐れあり！

ドローンを飛ばす注意点として、安全性と同じく大切なのが「マナー」の問題です。

ドローンの魅力の1つが、カメラを使った本格的な空撮。当然、飛ばす場所によっては知らない人が写ることもあります。操作している本人は楽しくても、突然ドローンにカメラを向けられた人は、不快感を覚えるでしょう。また集合住宅地などで飛ばしていると、たとえカメラ機能を使っていなくても「盗撮されている」と感じる人もいます。考えてみれば当然のことですが、ドローンを飛ばしたい誘惑に負けて、ついつい周囲への配慮を欠いた遊びをしてしまう人が多いのも現実です。ドローンの規制が整い始めているからこそ、一人ひとりが節度を持つことが大切です。自分も周囲も気持ちよく過ごせるように心がけましょう。

STEP 9 トラブルを未然に防ぐ予備知識

大きな事故を未然に防ぐために、ドローン操縦者としての最低限の常識を押さえておきます。自然条件の判断と、日ごろの機体の整備は安全な飛行のために欠かすことのできないものです。

悪天候時、夜間は飛ばさない

屋外で飛ばす場合、注意すべきは風です。上空は地上とは異なる強さの風が吹いており、予想外に風に流される恐れがあります。風速5mが飛行中止のラインです。無理をして飛ばさないのも勇気です。防水機能がついていないので雨天飛行は不可。機体を目視しづらい夜間の飛行も避けてください。

遠くに行ってしまったら被害を最小限に

風に流されたり、操作のミスでドローンが遠くに行ってしまったら、一番避けたいのは電波が届かずに制御不能（ノーコントロール）になってしまうことです。目視で機体の向きが確認できないようになったら、地上の安全を確認したうえで、スロットルを下げてゆっくりと「墜落」させて、被害を最小限に抑えることを心がけましょう。

メンテナンス、電池の管理に注意

機体の安全点検はオーナーの義務です。飛行前にローターに破損はないかを確認し、モーターのメンテナンスはこまめに行いましょう。また、高エネルギー密度のリチウムポリマーバッテリーの取り扱いは慎重に。過充電や過放電すると破損、場合によっては火災を引き起こす危険もあります。十分に注意してください。

STEP 10

ドローンを飛ばせる飛行場を知ろう

全国には、RC専門の飛行場をはじめ、ドローン専用飛行場、シーズン限定でドローン飛行ができる場所が多くあります。選択肢の1つとして覚えておきましょう。

身近な場所にドローンを飛ばせる場所がない、1人で飛ばすのは心配…という人は、RCの飛行場も選択肢に入れましょう。全国にはRC飛行機やヘリコプター専用の飛行場があり、中にはドローンも楽しめる場所があります。このような場所には長年RCに親しんだベテランが多いので、ルールや技術を学べるいい機会にもなるでしょう。

また、最近は冬季以外にスキー場を開放したり、ドローンだけに特化した専用飛行場も誕生しています。ここでは同じドローン愛好者が集まりますので、気を使うことなくフライトを楽しめるでしょう。

Drone Port List

RC飛行場

エアロマックス RC FLYING CLUB

RC界のカリスマ、松井イサオのドローンスクールを開催中。
※詳細はホームページを確認ください

住 茨城県常総市坂手町樋の口 鬼怒川河川敷西岸
048-997-1325
利用条件 会員制 一般利用可 無料体験有
※1日会員あり（要問い合わせ）

アルファラジコンクラブ

ドローンからヘリコプター、飛行機まで幅広く飛ばせます。

住 奈良県奈良市生琉
090-2116-1427
利用条件 会員制 一般利用可 無料体験有

加西ラジコンパークフィールド

大型RCがメイン。
初心者でも親切に指導してくれます。

住 兵庫県加西市桑原田町296-141
0790-49-3670
利用条件 会員制 一般利用可 無料体験有
※ラジコン保険加入、飛行可能エリアの確認が条件

酒田R/Cフライングクラブ飛行場

フライトに最適な広大な土地をクラブで管理・運営している会員制の飛行場。

住 山形県酒田市上安町1-2-1
090-6225-6259
利用条件 会員制 一般利用可 無料体験有
※登録費1万円（年間）、ラジコン保険加入、クラブ規定の遵守が条件

RC飛行場

チロリン村キャンプグランド

ラジコン飛行場は
最長200mの距離があります。

住 岡山県加賀郡吉備中央町神瀬1612-1
☎ 0867-34-0027
利用条件 会員制 一般利用可 無料体験有
※ラジコン保険加入、飛行可能エリアの確認が条件
※キャンプ場利用者以外有料

笠岡ふれあい空港

RCの利用者は年間150日を超える
人気の飛行場です。

住 岡山県笠岡市カブト西町91
☎ 0865-69-2143（笠岡市役所農政水産課）
利用条件 会員制 一般利用可 無料体験有

シーズン営業

会津高原たかつえスキー場

冬季のスキーをはじめ、MTBなど
大自然のアクティビティーがいっぱい。

住 福島県南会津郡南会津町高杖原535
☎ 0241-78-2241
利用条件 冬季以外 一般利用可 無料体験有
※宿泊者、ラジコン保険加入者のみ、予約制

舞子ドローンフィールド

高速道路インターから2分という
抜群の立地で人気のリゾートです。

住 新潟県南魚沼市舞子2056-108
☎ 025-783-4100
利用条件 冬季以外 一般利用可 無料体験有
※舞子リゾートへ利用3日前までに電話申込み

斑尾高原 エアフィールド

標高1000mの高原リゾート地。80万坪の
スキー場エリアを開放しています。

住 長野県飯山市斑尾高原
☎ 0269-64-3311
利用条件 冬季以外 一般利用可 無料体験有
※宿泊者、ラジコン保険加入者のみ、技適シールが貼付
された2.4GHz帯であることが条件

ドローン専用

クロスウインド飛行場

ドローンはもちろん、
さまざまなRCユーザーが集まります。

住 埼玉県児玉郡神川町肥神流川
✉ kdkr@tg8.so-net.ne.jp
利用条件 会員制 一般利用可 無料体験有
※ラジコン保険加入者、飛行可能エリアの確認が必要

SKY GAME SPLASH

日本初となるドローン専用サーキットコース。
※詳細はホームページを確認ください

住 千葉県千葉市若葉区金親町498
☎ 043-312-1396
利用条件 会員制 一般利用可 無料体験有

物流飛行ロボットつくば研究所

JUIDA（一般社団法人日本UAS産業振興
協議会）の第1号試験飛行場です。（P150）

住 茨城県つくば市和台17-5
☎ 03-5244-5285
利用条件 会員制 一般利用可 無料体験有
※商業用、研究者対象

STEP 11

ドローンに関わる法律

不法行為や条例違反をしないように気をつけるのはもちろんですが、ほかにもドローンを飛ばすにあたって知っておくべき法律に、航空法と電波法があります。

航空法

ドローンは航空法上の模型航空機にあたります。①空港の周辺（空港の規模にもよりますが）半径9㎞以内での飛行は禁止です。②航空機の航路にあたる場所では高度の制限は150mまで、③航路以外での高度の制限は250mです。注意しましょう。

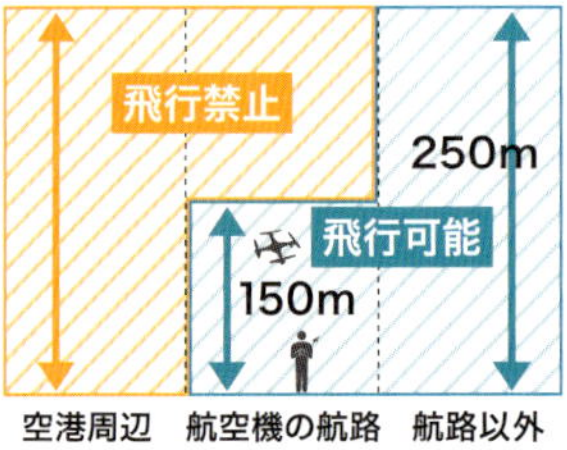

プロ仕様のハイエンド機となれば、機能的には150m以上も飛べますが、目視はまず不可能です。

※現在、「人または家屋の密集しているところの上空」、夜間、目視範囲外での飛行禁止に向けての改正案が検討されています。

電波法

RCの電波は電波法で定められており、国内で販売されているドローンは2.4GHzの周波数帯を使用しています。電波を発する機器は総務省認可の登録機関から「技術基準適合証明」（技適）を得る必要があり、正規品は販売代理店で取得しています。並行輸入品で技適を取得していない機器を使用すると違法になります。

メーカーが個別で許可を取っている証の「技適マーク」。

Check

ドローン保険を活用しよう

安心して楽しむために、万一に備えた保険への加入も検討しましょう。現在は一般財団法人日本ラジコン電波安全協会のラジコン操縦士登録した人を対象とした「ラジコン保険」が一般的。また、各メーカーが購入時に独自の保険を提案する場合もあります。

ラジコン保険　日本ラジコン電波安全協会（http://www.rck.or.jp/）のラジコン操縦士に登録（4500円）すると、同時に加入できます。保険金額は1事故につき1億円程度まで（ホビー用途のみ適用）。

メーカー保険　購入時に賠償保証制度へ登録すると、Phantom 3の場合は対人1億円、対物5000万円の補償を受けられます。

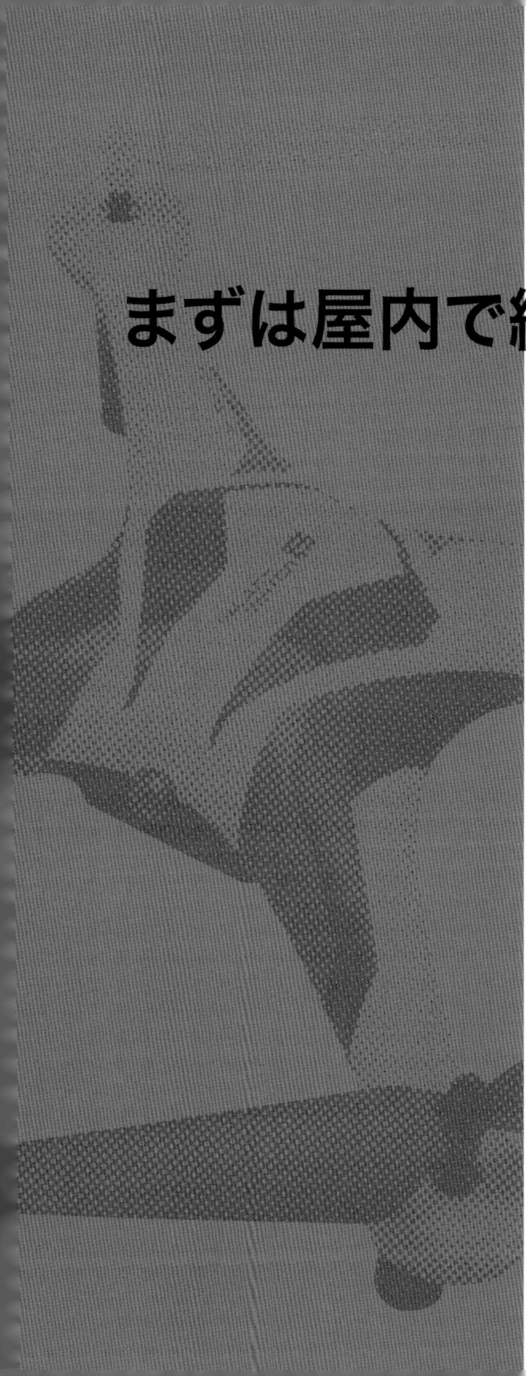

まずは屋内で練習しよう【初級編】

初級編では、実際に入門者向けのドローンを使った解説を行います。最初は飛ばしやすくて安全な室内練習から始めます。充電方法や電源の入れ方、送信機の持ち方など、ドローンの箱を開けた状態からはじめての飛行まで、順を追って解説していきます。屋内で反復練習を行い、ドローンを「飛ばす」感覚を身につけましょう。

Part 2

STEP 1

初級機の特性を知ろう

はじめての人は丈夫で安価な機体を使ってドローン操縦の
基本をマスターしていきましょう。本書では初級用として
GALAXY VISITOR 8を使って操作の練習方法を紹介していきます。

GALAXY VISITOR 8

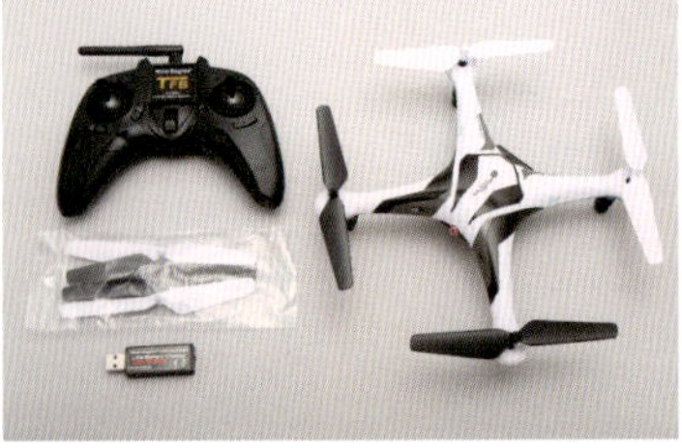

■価格:12,800円■サイズ:幅230mm×奥行き230mm×高さ72mm 重量113g■飛行時間:約10分■バッテリー:3.7V 700mAh Li-Po■電波到達距離:約100m■カラー/ブラック&ホワイト、グリーン&グレー■問い合わせ先:ハイテック マルチプレックス ジャパン■URL:http://www.hitecrcd.co.jp/products/nineeagles/galaxyvisitor8/

セットは本体、送信機、スペアローター1セット(4枚)とバッテリー1個、USB充電器1個。飛ばすことに特化した最低限の内容です。

たくさん練習したい初心者にぴったりな機種

　オーナーの心得をしっかり理解したら、いよいよ実践編です。実際にドローンを飛ばして操作してみましょう。初心者の人は失敗して壊したり、万一ロスト（紛失）してもダメージの少ない練習機から始めるのがおすすめです。本書で練習機として使用するのは、ハイテック マルチプレックス ジャパンの「GALAXY VISITOR 8」です。

　カメラはついていませんが、実売で1万円程度という手ごろな価格が魅力。定評あるシリーズなので、操作性と安定性は抜群です。ホビー向けでは比較的大きめの機体なので見やすく、軽いので墜落しても壊れにくいのもポイントです。1回の充電で約10分間飛行でき、たっぷり練習が可能。ぶつけてもスペアローターがあって安心です。

　まったくの初心者は、こういった機体を使ってまず室内練習から始めて、基本的な飛ばし方、操作感覚を養いましょう。

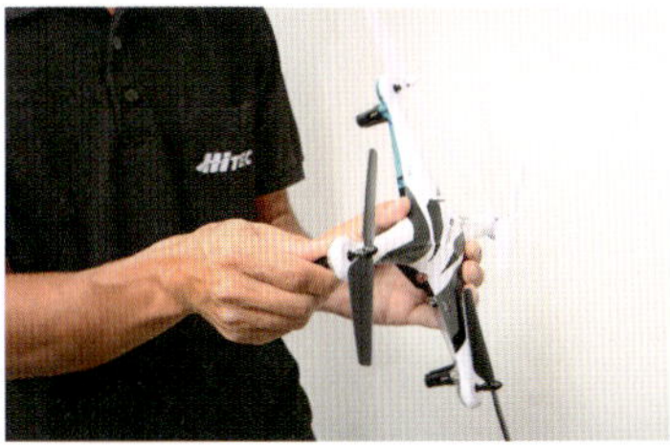

シリーズの中では一回り大きいので、ドローンの向きや動きがハッキリわかる、初心者にぴったりのサイズです。

STEP 2

起動前の準備をしよう

**ドローンを買ってきたらまず箱を開けて中身を確認します。
そして本体バッテリーの充電です。ドローンのバッテリーの多くは専用です。**

1 バッテリーを充電する

小型のドローンの場合、電池は写真のようなリチウムポリマー（Li-Po）バッテリーです。略してリポバッテリーと呼びます。リチウムイオン電池は小型・高出力で、ポリマーは軽量にできるので空物RCに採用されています。パワフルで1日に何度も充電できますが、あまり長時間充電しすぎると破損する可能性があるので注意しましょう。

原寸

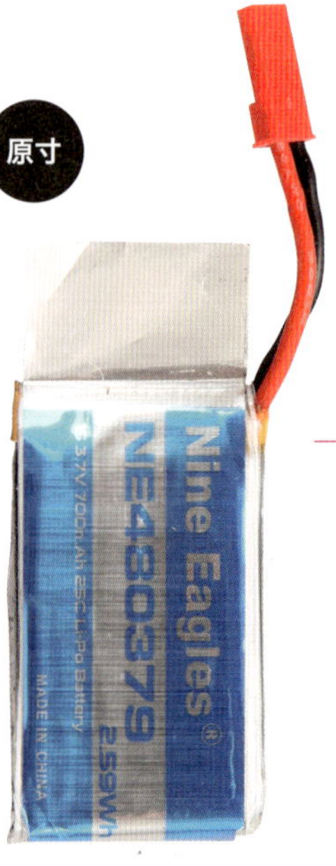

【パソコンで充電】

付属のUSB充電器につないでパソコンで充電するのが一般的です。目安は70分ほど。充電が開始されると赤色に点灯し、完了すると点滅します。

【コンセントで充電】

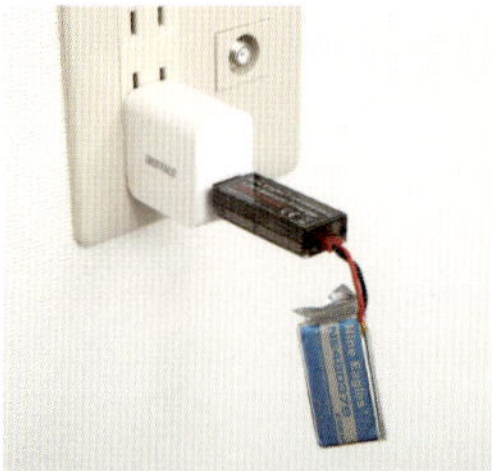

コンセントからUSB電源を取れるアダプターを用意すれば（100円ショップでも購入できます）、手早く簡単に充電できます。

2 送信機に電源を入れる

ドローンを操作するには、本体と送信機の両方に電力が必要です。送信機は乾電池を使用します。裏のフタを取り外し、プラスマイナスの方向に注意して電池を取りつけ、再びフタを閉めます。

3 説明書をしっかり読む

準備が終わったら、リポバッテリーの充電が終わるまでしっかり説明書を読みましょう。簡単な操作方法や注意事項などが書かれているので、一度は目を通しておきましょう。

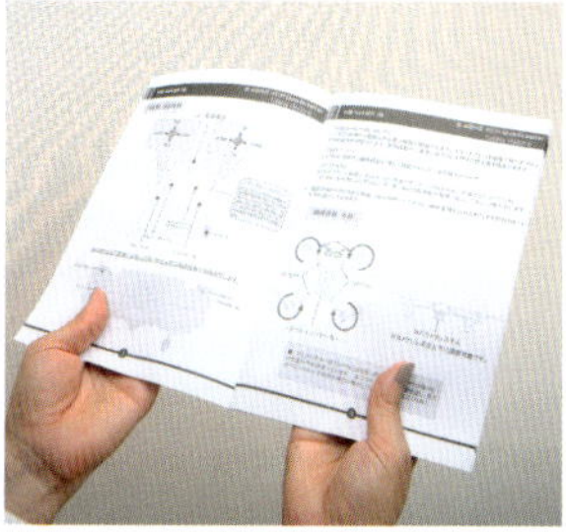

Check

☞ 機体によってバッテリーが異なる

写真はすべてドローン用のリポバッテリーです。このように、同じメーカーでも機体によって使うことができるバッテリーの種類はさまざま。追加でバッテリーを購入する場合は注意しましょう。なお、複数のバッテリーを使って連続で飛ばし続けると、モーターに負担がかかることも。はじめはバッテリー1つで、充電中は機体を休める時間と考えたほうが、故障も少なく長く遊べるでしょう。

STEP 3

送信機を確認しよう

実際の操作の前に、送信機のボタン、役割を覚えておきましょう。機体固有の機能もありますが、基本的な操作方法はどのドローンでも共通です。

フリップボタン

アクロバット飛行の「フリップ」が可能なボタン。中級編のP68で解説します。

アンテナ

送信機からドローン本体に電波を飛ばすアンテナ。機種によって形はさまざまです。

右スティック

ドローンの上昇・下降（スロットル）、左右移動（エルロン）の操作を行います。

左スティック

ドローンの前後移動（エレベーター）、旋回運動（ラダー）の操作を行います。

トリム

ドローンの動きが安定しない、左右に動く場合に使う調節ボタンです。

電源

送信機の電源ボタンです。オンの状態では赤いランプが点灯します。

1 スティックの動きを確かめる

送信機の左右2本のスティックは、ドローンの動きを制御する重要なものです。まずは手に持って親指で動かしてみましょう。動きが固い、ひっかかるなどの不具合がないかチェックしてください。

2 持ち方に慣れる

ドローンは細かなスティック操作で機体を制御するため、常にスティックの先端から指を離さないように持ちます。特に初心者は指を離してしまう人が多いので注意してください。

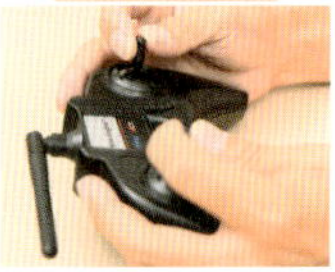

スティックをつまむようにして安定させる場合もあります。

【アンテナの向きについて】

アンテナが横向きのわけ

送信機の電波は、アンテナの横に強く、先端方向には弱く発信されます。基本的にドローンのほうに送信機を向けて操縦するため、アンテナは横向きに折れているのです。

Check

送信機には2つのモードがある

ドローンの送信機には、右スティックでスロットルを操作する「モード1」と、左スティックでスロットルを操作する「モード2」があります。日本国内で手軽に入手できるのは「モード1」がほとんどです。海外からの並行輸入品の場合は「モード2」の場合もあります。

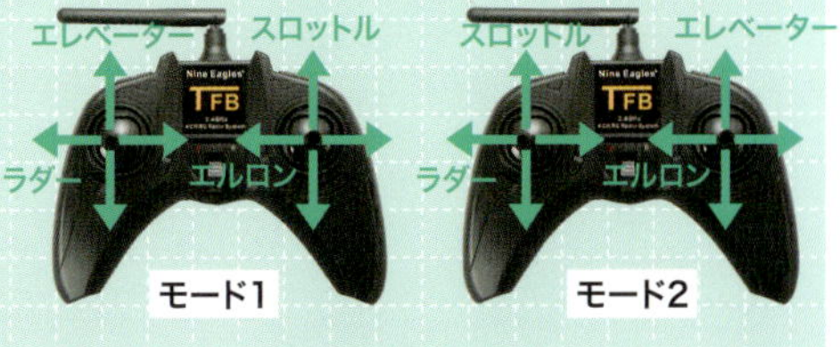

STEP 4

電源を入れよう

充電、送信機の確認が済んだら、いよいよドローンに電源を入れます。
ラジコンの基本ともいえる大切な注意点がありますので、慎重に行いましょう。

1 送信機の電源を入れる

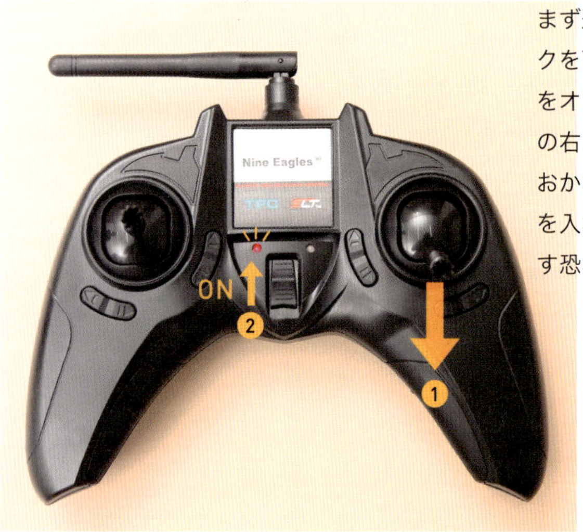

まず送信機の右スティックを下げ、送信機の電源をオンにします。送信機の右スティックを下げておかないと、本体に電源を入れた時、急に動きだす恐れがあります。

※送信機によって自動的にスティックがセンターに戻るタイプもあります。その場合はセンター位置のままにします。

Check

危険な「ノーコン」とは？

電源を入れる順番は必ず送信機→本体の順です。送信機がオフの状態でドローン本体をオンにすると、電波トラブルによって機体が暴走する「ノーコン」（ノーコントロール）の状態になる危険性があります。オフにする場合は逆に本体→送信機の順番を守りましょう。

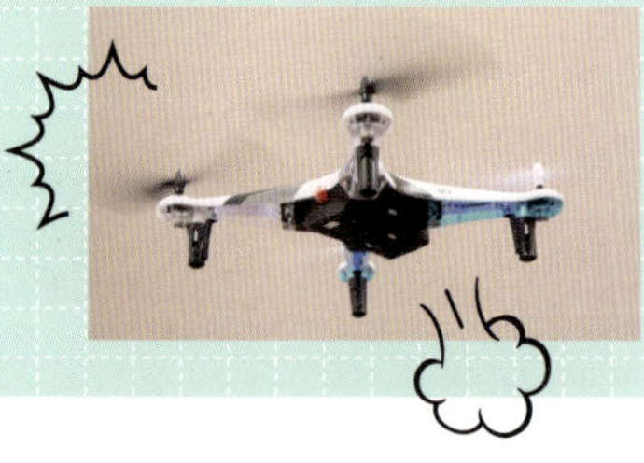

2 本体の電源を入れる

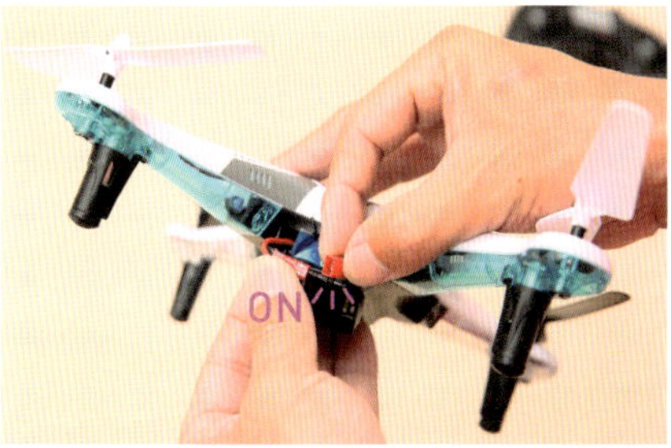

送信機をオンにした状態で、ドローン本体の電源をオンにします。GALAXY VISITOR 8の場合は電源スイッチはなく、バッテリーと本体のケーブルをつないだら即オンになります。すぐに機体を戻して、水平に置きます。

3 数秒で同期完了

送信機の近くに並べて置いて数秒待てば、送信機とドローンがお互いを認識します。本体のLEDライトがピカッと光ったら同期完了。これで操作ができるようになりました。

Check

起動時に正しく水平を認識させる

電源がオンになると、ドローン本体はまず水平を認識します。これは安定した飛行のために欠かせません。最初に傾いた状態を誤って水平と認識すると、飛行時にまっすぐ上昇させようとしても斜めに飛ぶことになります。

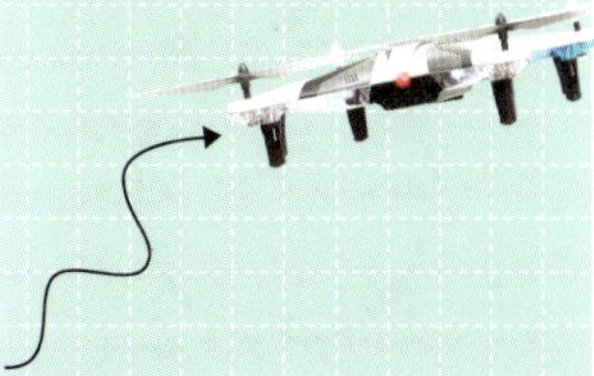

飛ばし始める前に！

飛ばし始める前に、練習をトラブルなく行うための注意事項を説明します。楽しいドローンで事故やケガが起きないように十分に配慮しましょう。

1 安全な空間を確保する

初級編では屋内での練習を想定しています。一般的な家庭ですと10帖ほどのリビングであれば、旋回などの練習も安心して行えます。その場合、近くにガラスなどの壊れやすいものがないか、当たってケガをさせる人がいないかを確認しましょう。特に子どもは動きが予測できないので危険です。別の部屋でやりましょう。

チェック

- ☑ 十分な広さがある
- ☑ 割れ物や壊れやすい家具がない
- ☑ 近くに人がいない

2 連続飛行時間に注意する

GALAXY VISITOR 8
の場合

ホビーユースのドローンの連続飛行時間は5〜10分程度が一般的。リポバッテリーは残り電力がない状態で飛ばし続けていると「過放電」になり、使用できなくなってしまいます。GALAXY VISITORシリーズは、残り電力がなくなると本体のLEDライトが点滅しますので、それを休憩の合図にしてください。

3 どうしてもズレる場合はトリム調整を行う

風のない屋内で、正しい方法で電源をONにしたにもかかわらず、まっすぐ上昇せずに斜めに飛んでしまう場合があります。それは、ドローンが認識している水平基準が実際とはズレている証拠。送信機のスティック脇のトリムボタンを使って、ズレを調節する必要があります。

4つのボタンはそれぞれスロットル、エルロン、エレベーター、ラダーに対応しています。機体が勝手に左に流れるようなら、右スティック下のエルロンを右に1コマ動かすと、右に移動する力が加わり、左へ流れるズレを相殺します。これを繰り返し、スティック操作をしなくてもある程度安定してホバリングできるようにしましょう。正規ルートのドローンは調節済みのものがほとんどですが、何度も飛ばしているうちにズレが生じることがあります。詳しい人にやってもらえれば安心ですが、自分で行う場合は少し浮かしては1コマ動かすというように慎重に行いましょう。

トリム方法

①機体を少し浮かせる
②機体が流れる方向とは反対のトリムボタンを押す
③着地と上昇を繰り返し、1コマずつ調節する

STEP 5

基本①スロットル（上昇・下降）操作

ドローンの基本中の基本といえる操作。スロットルの調整で上昇、下降します。地面に置いた状態から段階的にホバリングできるように練習しましょう。

操作クリアの目安 **上下動がスムーズにできる**

Point

フライヤーとドローンの目線を合わせる

ドローンは必ず操縦者と同じ方角に向けること。常にドローンの後部が見えるようにします。GALAXY VISITOR 8はローターが目印。明るい色が前方、暗い色が後方と覚えましょう。

1 右スティックを上に倒し上昇

体から1mほど離れた場所にドローン本体を置き、下げた状態の右スティックをゆっくり上に倒します。ドローンのローターが回転して浮上を開始します。

2 右スティックを下に倒して下降

ドローンが浮上したら右スティックを止め、今度は下に倒すとドローンが降下します。一気に上下させないように、ゆっくりと操作して静かに着地させます。

Point

ドローンのローター全体を見る

屋内の練習ではほとんどの場合、ドローンを目線より下で飛ばします。このとき操縦者は4つのローター全体を見下ろすように意識すると操作しやすいでしょう。

3 右スティックの調節で離着陸を覚える

もう一度ドローンを上昇させたら、今度は地面から30〜40cmの高さを目標に上昇、下降します。

Check

☞ 離着陸を確実にできるように

離着陸は1回のフライトで必ず行う大切な操作です。少し上昇させたらゆっくりと下降して着陸。これを繰り返してスロットル操作の感覚を養います。

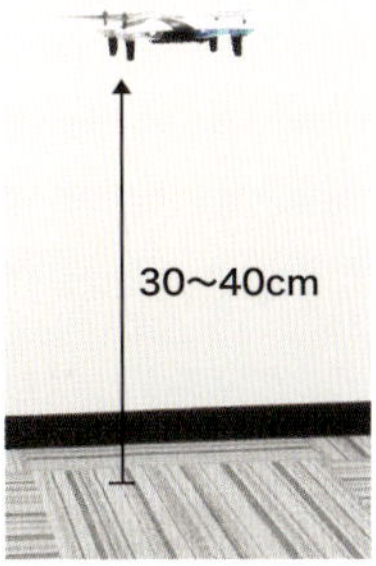

STEP 6

基本②エレベーター（前進・後進）操作

ホバリングができるようになったら、次はドローンを空中で前後に移動させるエレベーターの動作です。右手でスロットル操作を維持しながら、左手で操作します。

操作クリアの目安　**狙った距離を正確に移動できる**

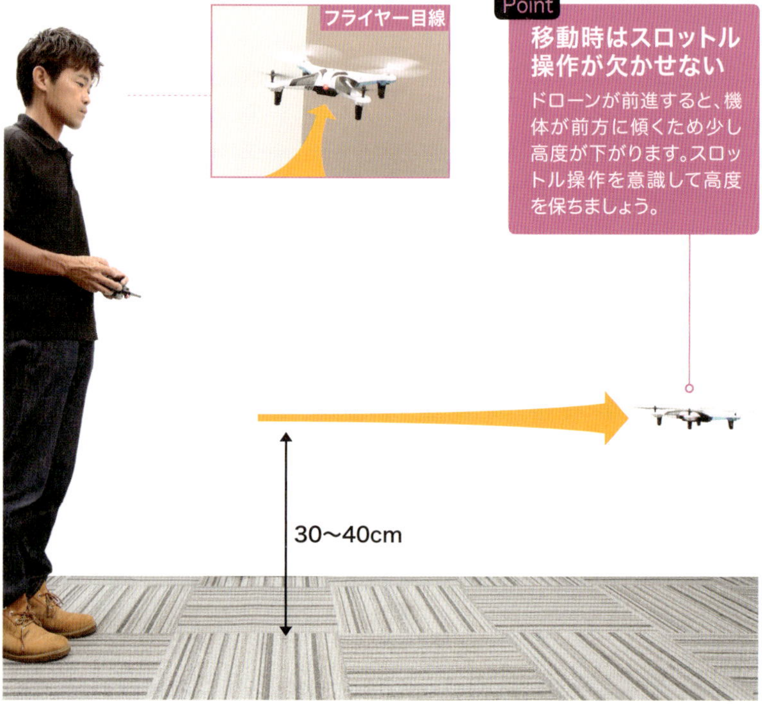

Point

移動時はスロットル操作が欠かせない

ドローンが前進すると、機体が前方に傾くため少し高度が下がります。スロットル操作を意識して高度を保ちましょう。

1　左スティックを上に倒して前進

右スティックでスロットルを調節し、30〜40cmの高さまで機体が上昇したら、左スティックを上に倒して、ドローンを前進させます。少し進んだら左スティックを戻し、スロットルも下に倒して着地させます。

2 左スティックを下に倒して後進

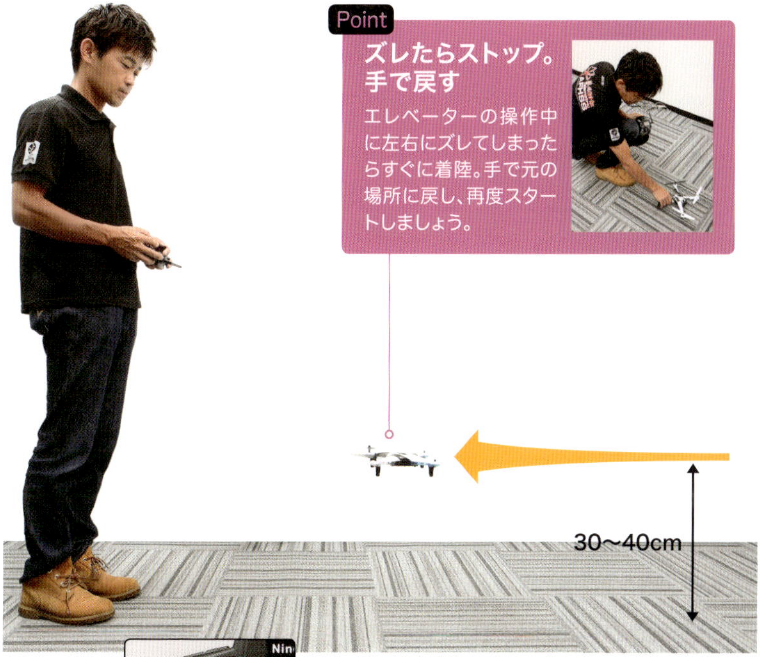

Point

ズレたらストップ。手で戻す

エレベーターの操作中に左右にズレてしまったらすぐに着陸。手で元の場所に戻し、再度スタートしましょう。

再度機体を上昇させたら、左スティックを下に倒してドローンを後進させて元の位置まで戻します。左スティックは前後にのみ倒し、左右には動かさないように注意しましょう。

Check

☞ 前後1mの反復移動で距離感をつかむ

エレベーター操作の練習は、移動する距離を決めることがポイントです。上昇を開始した位置から、前に1m、後ろに1mの移動を繰り返して、スティックの操作幅の感覚を身につけます。慣れたら距離を2mに伸ばしてみましょう。

STEP 7

基本③エルロン（右移動・左移動）操作

左右に移動するエルロンの練習です。左右にいる機体を見ることになるため、首と視線を動かして追随します。基本①②③を合わせ、好きな場所でホバリングします。

操作クリアの目安	ホバリング＋エルロン操作のフライトを連続10分

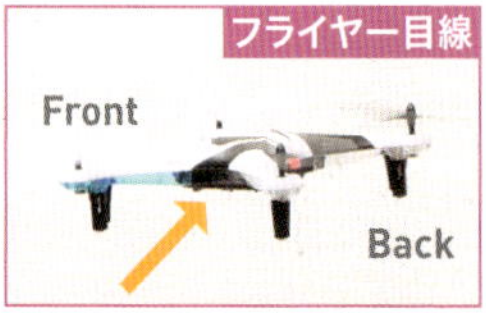

Point

機体の傾き具合に注目

エルロンでは機体は左右に傾いて移動します。スティックの倒し具合とドローンの傾き具合を覚えましょう。

1 右スティックを右に倒して右移動

右スティックのスロットル操作で上昇した状態から、右スティックを右に倒して、ドローンを右に移動させます。操縦者からはドローンの左側面が見えるようになります。

2 右スティックを左に倒し、左に移動

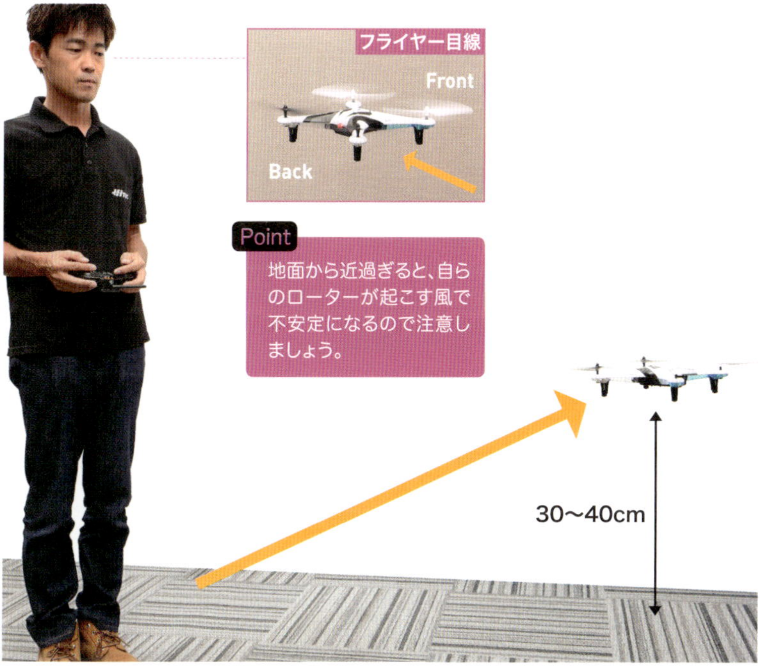

Point

地面から近過ぎると、自らのローターが起こす風で不安定になるので注意しましょう。

1mほど右に移動したら、今度は右スティックを左に倒して、ドローンを左に移動させます。操縦者からはドローンの右側面が見えるようになります。高さと前後の距離を保つようにスロットルとエレベーターの微調節も織り交ぜましょう。

Check

自由にホバリングできるように練習する

スロットル、エレベーター、エルロンの3操作を微調節することで、好きな場所でホバリングが可能になります。思い通りの高さ、距離でホバリングができるようになるまで、繰り返し練習しましょう。

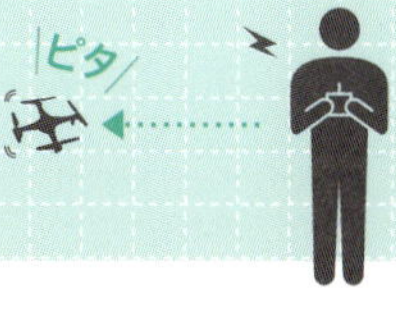

STEP 8

基本④ラダー（旋回）操作

**1つの動作でドローンを動かす基本操作の最後がラダーです。
本体の向きが操縦者の向きと変わるため、これまでより難易度が上がります。**

操作クリアの目安	ラダー操作を含めたフライトを連続10分

Point

機体の見え方と向きの感覚をつかむ

正面で右にラダーすると機体の右側面が見えます。これは左にエルロンしたときの見え方と同じで、操縦者の体の向きが違うだけです。

1 左スティックを右に倒して右旋回

ホバリングしながら、左スティックを右に倒します。ドローンがその場で右に旋回します。正面に対し45度まで回転させます。

2 左スティックを左に倒して左旋回

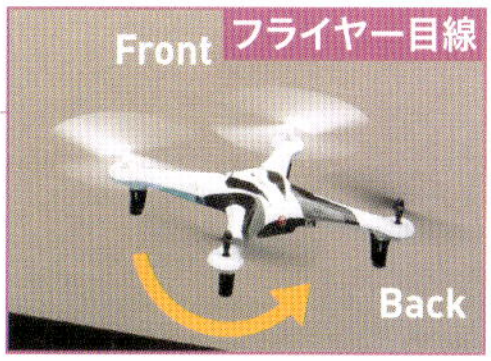

Point

わからなくなったら向きを合わせる

ラダー操作中に、ドローンの向きが分からなくなることがあります。混乱しそうになったら、ドローンの回転に合わせて送信機を回したり、体ごと機首と同じ方に向けるとわかりやすいでしょう。

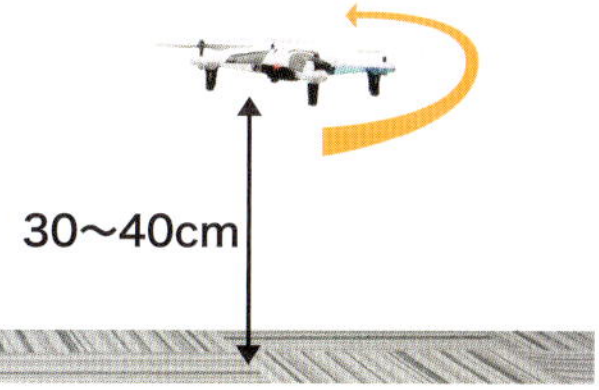

ホバリングしながら、左スティックを左に倒すと左に旋回します。機体の向きを正面に戻してから、さらに左に45度回転させます。

Check

☞ 回転角度を広げて反復練習

45度に慣れたら、次は90度、180度と角度を広げていきましょう。さまざまに回転させたときでも、機体の向きを瞬時に把握できるようにしましょう。

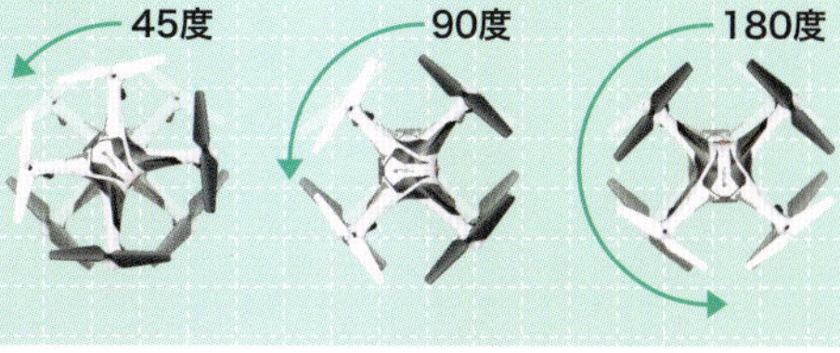

STEP 9
脱初級者のための応用練習

基本操作が身についたら、ステップアップ練習に移りましょう。ドローンと対面状態での操作、基本操作を組み合わせて自由に動く練習です。

1 対面練習

これまでに覚えた操作を、ドローンを反対向きにして行います。つまりドローンの機首を自分に向けた状態で、エレベーター（前後）、エルロン（左右）、ラダー（旋回）の操作を行います。鏡写しになりますが、自分の動かしたい方向に動かせるように体で覚えます。最初は混乱しますが、これに慣れることでドローンがどの方向を向いていてもスムーズに操作できるようになります。RC全般で取り入れられている練習方法です。

操作クリアの目安	**対面ホバリングを連続10分**

【ミラー練習時の操作例】

2 四角形に移動

操作クリアの目安 **思い通りの四角形を描いてフライトできる**

スロットル、エレベーター、エルロン、ラダーのすべての操作を使って、四角形に移動しましょう。慣れてきたらややスピードを上げてなめらかな移動を心がけます。反対方向にも同じく回れるように練習します。

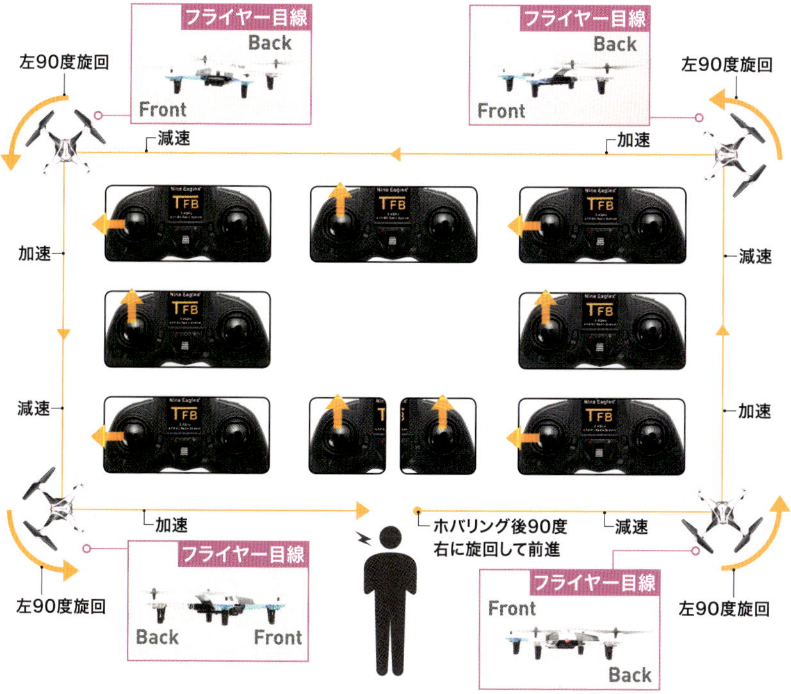

Check

ステップアップの目安は1回充電分！

各操作をマスターしたといえる目安は、1回の充電分続けること。GALAXY VISITOR 8なら、10分間一度も地面に落とさずに行えたらクリア。短いように思えますが、高い集中力が必要なので実際以上に長く感じるはずです。

column

次に進む前に…

安全に飛ばすための ドローンのメンテナンス

1 ローターの損傷は常にチェック

屋内で飛ばすと、壁や天井、家具にぶつかってしまうこともよくあります。衝撃でローターが折れたり曲がったりしていないかをチェックして、損傷があれば交換します。

2 モーターをきれいに保つ

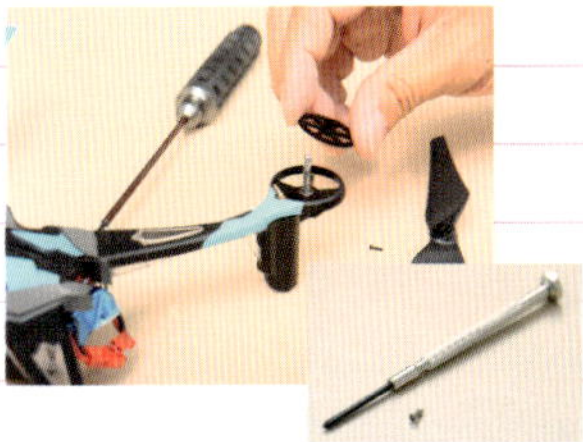

モーターの回転を伝えるギア部分には、ほこりや髪の毛が溜まりやすく、回転が悪くなる原因になります。精密ドライバーで分解できるので、定期的にゴミを取り除きましょう。エアダスターも効果的です。

3 電池の扱いは慎重に

リポバッテリーは、100%充電した状態で周囲の気温が上がると、電池内の電圧が上昇して過充電と同じ状態になる場合があります。長期間使わない場合は70%ほどの電池残量で保管するとよいでしょう。過充電や過放電により破損したリポバッテリーは、中身がガス化して膨らむことがあります。この兆候が見られたら使用しないでください。

外でドローンを飛ばそう【中級編】

中級編では、いよいよ外でドローンを飛ばします。室内練習との違いや注意点をはじめ、ここからはドローンで空撮するためのアプリの設定、撮影方法も解説していきます。飛行テクニックでは、Part2で学んだ基本的な操作を組み合わせた「複合操作」を紹介。ドローンを思い通りに飛ばすことができるように練習しましょう。

Part 3

STEP 1

屋外での飛行に挑戦しよう

室内で練習を積んである程度の自信がついたら、いよいよ屋外での飛行に移りましょう。自然条件が加わるためぐっと難しくなります。ここからはカメラつきの中級機で行います。

GALAXY VISITOR 6

本体とバッテリー、送信機のほかに、送信機に取りつけられるスマートフォンホルダーとシェード、スペアローター1セット(4枚)、USB充電器、映像記録用のmicroSD(2GB)、microSDカードリーダーもついてすぐに空撮が楽しめます。

■価格:35,000円■サイズ:幅199mm×奥行き199mm×高さ54mm(ローター除く) 重量115g■カメラ:130万画素/1280×720pixe■飛行時間:約7分■バッテリー:3.7V 700mAh Li-Po■電波到達距離:約120m■カラー/グリーン、ブルー、レッド■問い合わせ先:ハイテック マルチプレックス ジャパン■URL:http://www.hitecrcd.co.jp/products/nineeagles/galaxyvisitor6/

[VIDEO/PICTURE ON]ボタン

動画と静止画の撮影を開始します。動画撮影中に押すと静止画を記録します。

[VIDEO OFF]ボタン

動画の撮影を停止して、microSDカードに保存します。

空撮とFPVもやってみよう

中級編は、屋外での飛行です。室内でうまく飛ばせるようになっても、屋外ではさまざまな自然環境の影響で、飛行条件が刻々と変わってきます。

一番気をつけなければいけないのは風です。軽い機体のドローンは強風の前では木の葉のようなもの。あっという間に流されて、思うように操作ができなくなります。風速が5mを超えたら飛行中止、それ未満でも髪がなびくほどの風がある日は初心者には危険です。はじめての飛行は、できるだけ無風の日を選ぶようにしましょう。

外で飛ばすとなると、やはり空撮を楽しみたいもの。そこで、中級ではカメラつきの機種を選びました。2014年発売のGALAXY VISITOR 6は、ユーザーも多い定番のドローンです。操作性・安定性には定評があります。カメラは130万画素と控え目ですが、スマートフォンやタブレットを組み合わせてFPVができることが最大の魅力です。この機種を使って屋外での練習方法と同時に、空撮やFPVのやり方も説明していきます。

手軽に
FPV飛行の
練習ができる
空撮を
はじめるなら
コレ
HiTEC

入門機の「8」にくらべるとややスマートな印象。小さなボディにたくさんの機能を詰め込んでいます。

STEP 2

カメラ操作のアプリをインストールする

GALAXY VISITOR 6では、スマートフォンやタブレットで搭載カメラの映像を見て撮影ができます。専用のアプリケーションをダウンロードしてFPVの設定を行いましょう。

1 アプリケーションをダウンロードする

空撮やFPVをするためにスマートフォンまたはタブレットに専用の「NineEagles」アプリをインストールします。iOSとAndroidに対応しています。

【iOS】

「AppStore」から「NineEagles」でアプリを検索。写真のアイコンのアプリを選択してインストールします。

【Android】

商品の説明書に記載されているQRコード、またはURL（http://www.hitecrcd.co.jp/software/nineeaglesgv6.apk）にアクセスしてダウンロードします。

2 Wi-Fiで本体に接続する

送信機、本体の順にオンにします。スマートフォンまたはタブレットのWi-Fi設定から「NE_Nine Eagles」を選択。説明書に記載の初期設定パスワードを入力して接続します。

3 アプリを開いてカメラに接続する

「NineEagles」アプリをタップして起動すると、右の「Camera List」画面になります。❶［Add］ボタンをタップすると本体カメラに接続。

❷［FPVスタート］ボタンをタップすると、カメラ映像が全画面表示になります。

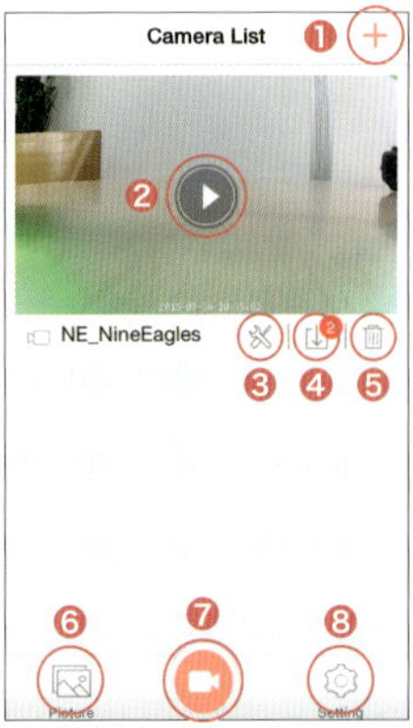

❶［Add］ボタン……カメラに接続し、リストに追加します。
❷［FPVスタート］ボタン……リアルタイム画像を全画面表示します。
❸［カメラ設定］ボタン……カメラの設定を行います。
❹［ダウンロード］ボタン……microSDカードに保存された動画をこのアプリに転送します。
❺［デリート］ボタン……［Add］で登録したカメラをリストから削除します。
❻［ピクチャー］ボタン……撮影した写真や動画を確認します。
❼［カメラリスト］ボタン……他の画面からこの画面に戻ります。
❽［セッティング］ボタン……アプリの表示言語などが変更できます。

4 FPV画面を見る・撮影する

本体のカメラ映像がリアルタイムで見られるFPV画面です。画面をタップすると操作メニューが表示されます。録画／停止は送信機のボタンでもできます。

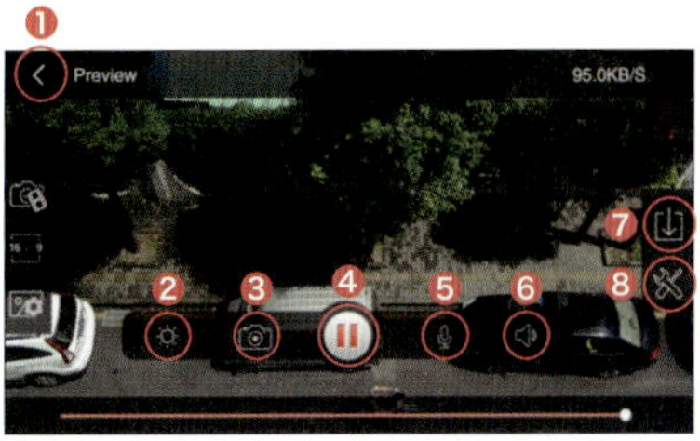

❶［プレビュー］ボタン……「Camera List」画面に戻ります。
❷［バックライト］ボタン……バックライトを調整します。
❸［ピクチャー］ボタン……静止画を撮影します。
❹［スタート・ストップ］ボタン……カメラ画像を録画／停止します。
❺［ミュート］ボタン……撮影時の録音（スマートフォンから）の有無を設定します。
❻［ボリューム］ボタン……動画再生時の音量を調節します。
❼［ダウンロード］ボタン……microSDカードに保存された動画をこのアプリに転送します。
❽［カメラ設定］ボタン……カメラの設定を行います。

撮影動画や写真は、「Camera List」から［ピクチャー］ボタンをタップして開いた「Picture」画面で確認できます。

STEP 3

FPVで空撮をしよう

スマートフォンにアプリを入れてFPVができるようになったら、まず撮影テストを行いましょう。ここでは、空撮の流れやポイントを紹介。撮影データを取り込む方法も説明します。

1 FPVを可能にして飛行する

付属のスマートフォンホルダーを使って送信機にスマートフォンやタブレットを装着します。幅6～8cmのサイズに対応しています。ドローンのカメラとスマートフォンを接続して、FPV画面にしてからドローンを飛ばします。

Point

ドローンは必ず目視で操作する

FPV画像を見てしまいがちですが、屋外での操作に慣れるまでは、近距離で目視で飛ばすようにします。

2 送信機のボタンで動画を撮影する

送信機の右側裏にある［VIDEO/PICTURE ON］ボタンを押すと、動画の録画がスタートします。送信機の左側裏の［VIDEO OFF］ボタンを押して録画を停止します。手に持った状態で右がオン、左がオフと覚えておきましょう。スマートフォンのFPV画面の［スタート・ストップ］ボタンでも操作できます。

［VIDEO/PICTURE ON］ボタン

［VIDEO OFF］ボタン

3 静止画を撮影する

送信機ボタンでの静止画の撮影は、動画の撮影中にのみ行うことができます。2の動作で録画スタートした状態で、もう一度［VIDEO/PICTURE ON］ボタンを押すと静止画が撮影されます。FPV画面の［ピクチャー］ボタンを使えば録画中でなくても静止画を撮影できます。

4 撮影データを取り出して保存する

撮影データは本体のmicroSDカードに保存されます。取り出す方法は2つあります。1つはWi-Fiで転送する方法です。アプリ画面にある[ダウンロード] ボタンをタップして、アプリ内に保存します（同時にスマートフォンやタブレットのアルバム内にも保存されます）。もう1つは、本体からmicroSDカードを抜き、付属のmicroSDカードリーダーを使ってパソコンのUSBポートに差し込んで直接コピーする方法です。

Point

動画の形式に注意する

GALAXY VISITOR 6で撮影した動画は「FLV」という形式で保存されるため、アプリ「NineEagles」以外の環境で再生するためには専用のアプリ／ソフトが必要です。スマートフォンならばAndroidのみファイル管理ソフトで管理できます。動画ソフトが豊富なパソコンでの再生や編集をおすすめします。

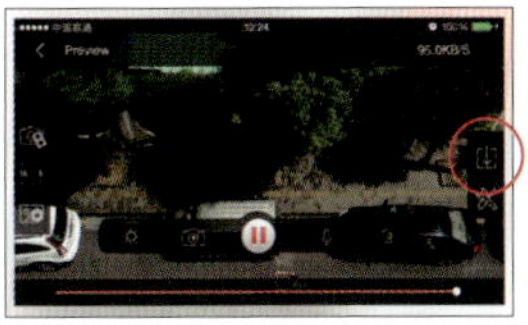

Wi-Fiでスマートフォンやタブレットに転送

microSDカードを付属のUSBカードリーダーに入れてパソコンにコピー

Check

カメラと同じ目線で撮影する

カメラは機首方向を向いています。慣れるまでは操縦者と機体が同じ向きになるように撮影すると簡単です。この機種のカメラは手動で上下にチルト（首振り）します。飛ばす前に被写体に対する垂直アングルを考えて角度を調整しておきます。

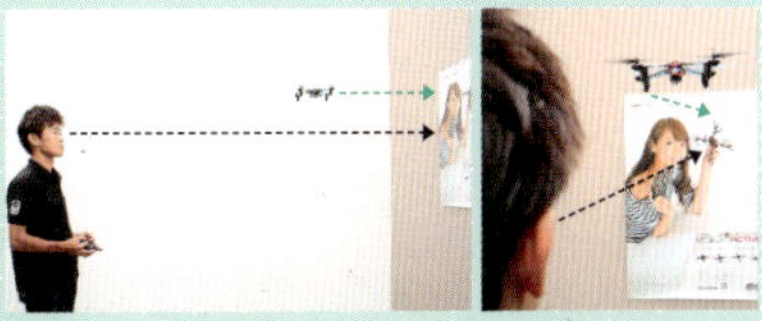

STEP 4

複合①8の字飛行操作

中級編では、初級で練習した4つの操作を組み合わせた「複合操作」を練習します。屋外の広い場所で行うようにしましょう。

▶組み合わせる4つの操作

スロットル

目の高さくらいにホバリングさせてから、同じ高さに保つように微調整します。

＋

ラダー

8の字になるよう、左旋回、右旋回を交互に繰り返します。

＋

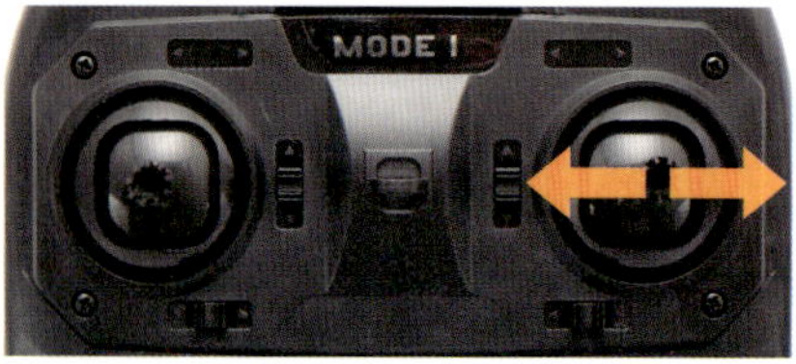

エルロン

ラダーとエレベーターに横移動のエルロン操作を加えることで機体が内側に傾き、弧を描いて旋回することができます。

＋

エレベーター

前進する速度を調整します。基本は一定の速度を保つようにします。

1 左右の往復運動を練習する

操作クリアの目安　連続 7 分

❶目の高さにホバリングさせる
❷ラダーで左90度旋回（機首を左向きに）
❸エレベーターをオン、左手方向へ直線移動
❹エレベーターオフ、ラダーで左180°旋回（機首を右向きに）
❺エレベーターオンで右手方向へ直線移動
❻エレベーターオフ、ラダーで右180°旋回（機首を左向きに）
❼エレベーターオンで左手方向へ直線移動。以下④〜⑦の繰り返し
①
②
③
④
⑤
⑥
⑦

8の字飛行の前に、まず目の高さで横方向に往復する動きを練習します。左右の端ではいったんエレベーターオフで停止して、ラダーで180度旋回して機首の向きを変え、エレベーターで直線移動を繰り返します。左右の端での旋回方向を入れ替えても練習しましょう。

Point
操作目安は1回の充電分

GALAXY VISITOR 6が1回の充電で飛べる時間は約7分。技も難しくなるので、その間ミスなく連続してできればクリアです。

Point
機体の向きをすばやく判断する

屋外で距離が離れると、太陽の光でLEDの光がわからないこともあるので、機体やローターの色にも注意して、機首の向きを判断できるようにしましょう。

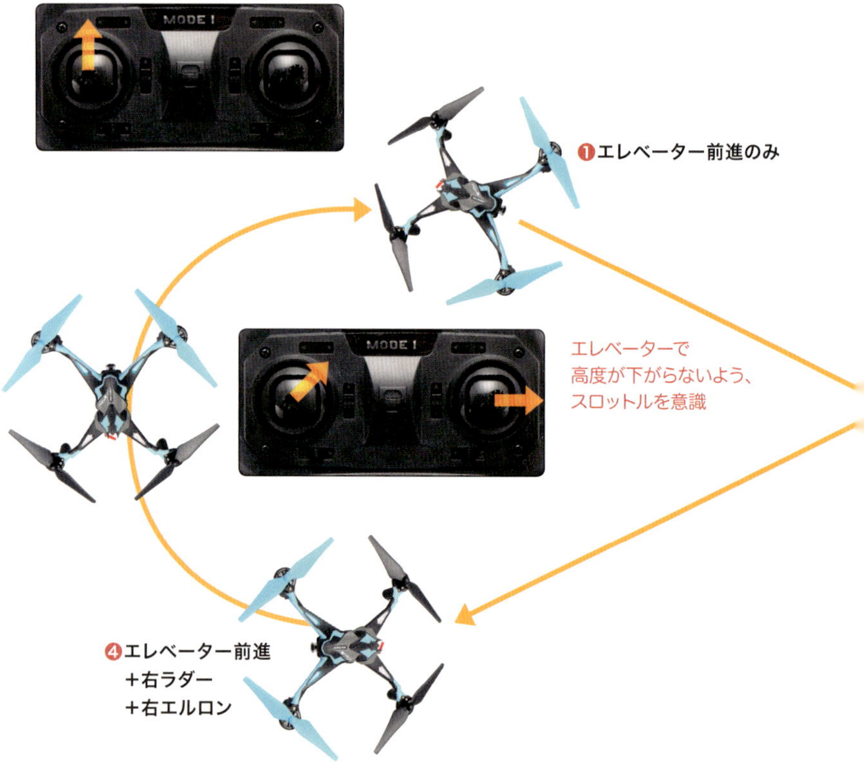

2 左右の往復飛行から8の字飛行に移る

左右の往復飛行から、徐々に折り返し時にスピードを落とさずに旋回するようにします。それにはエレベーター前進のまま、ラダーと同時にエルロンを旋回する方向に操作します。すると機体が傾きながら弧を描くので、左右交互になめらかに8の字を描いて飛行します。カーブでふくらみすぎず、同じ形の8の字を何度もなぞって飛べるようにしましょう。

Point

スロットルは常に一定に

ここでは3つの操作だけを説明していますが、高度を維持するスロットルは常に一定に保ちます。

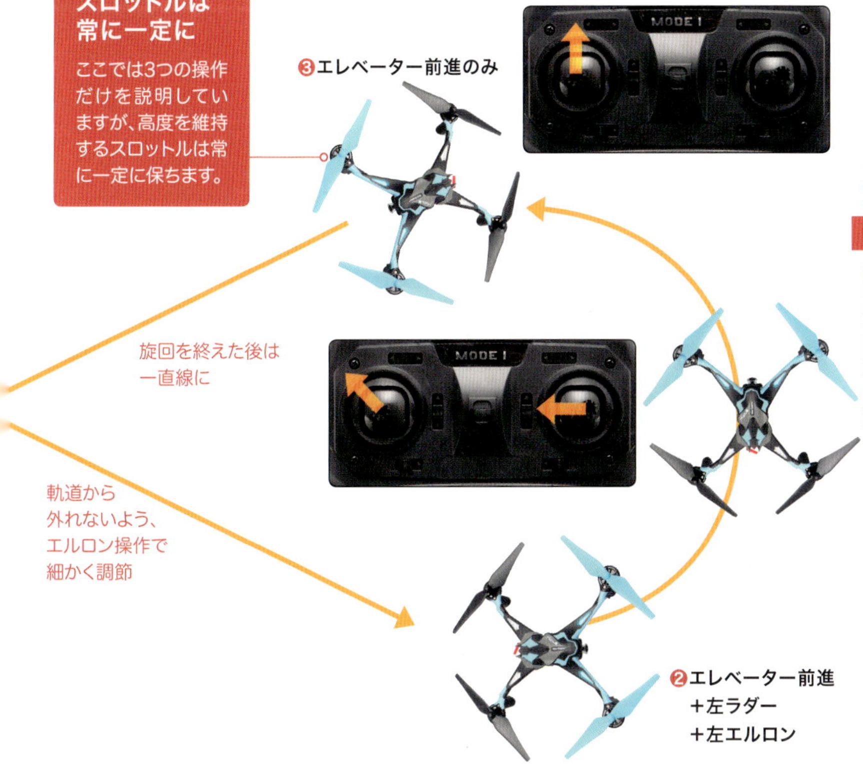
❸エレベーター前進のみ
MODE I
旋回を終えた後は
一直線に
MODE I
軌道から
外れないよう、
エルロン操作で
細かく調節
❷エレベーター前進
＋左ラダー
＋左エルロン

Check

☞ 慣れてきたらより大きな8の字へ

8の字飛行に慣れてきたら、飛行するルートを広げてみましょう。離れるほど本体を目視しにくくなります。8の字の旋回方向を入れ替えても練習します。スピードもアップしましょう。

STEP 5

複合②ノーズイン操作

続いては、空撮でもよく応用される「ノーズイン」という複合操作。
対象物を中心に、常に内側を見ながらグルグル回る、高度なテクニックです。

▶組み合わせる4つの操作

スロットル

目の高さくらいにホバリングさせてから、同じ高さに保つように微調整します。

＋

エルロン

左右移動がノーズインの基本動作。スティックは片方にずっと動かしたままになります。

＋

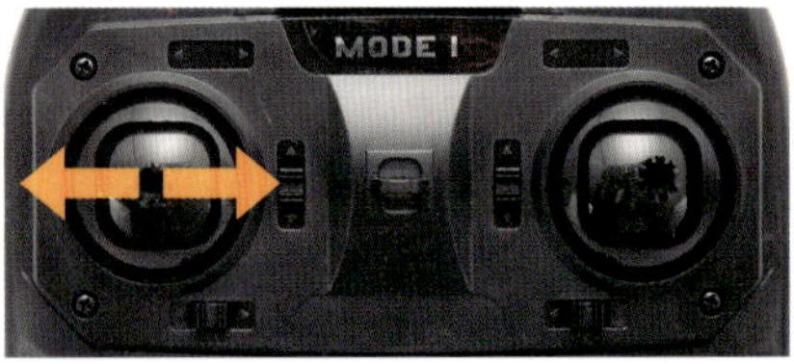

ラダー

エルロンの向きとは逆方向に操作します。ラダーのかかり具合で円の大きさが変わります。

＋

エレベーター

前進の動きではないように思えますが、常に円の中心へ向かう力を与えて遠心力を相殺します。

1 エルロンで左右へスライドさせる

操作クリアの目安 連続 7 分

ノーズインの基本となる操作はエルロンです。まず目の高さに飛ばして、横方向にスライドする動きを確認します。エルロンで左へ、十分に離れたら右へと、左右に平行移動させます。これは半径が無限のノーズインをしている状態です。

Point

飛行ルートは大きめにする

8の字飛行と異なり、ノーズインは大きな軌道を描くほうが簡単です。周囲を見ながらゆとりある円を飛行しましょう。

2 右ラダーと前のエレベーターを加える

操作クリアの目安 連続 7 分

エルロンで左にスライドさせながら右ラダーとエレベーターを加えます。スティックの向きは図のようになります。これによってドローンは中央を向いて時計回りに回転します。

Point
右スティックの複合操作に慣れる

きれいな円を描くには、エルロンを一定に保つことが重要です。右スティックでスロットルを調節しながらも、エルロンの傾け具合は変えないように注意しましょう。

3 逆回転のノーズイン

操作クリアの目安 連続 7 分

反対側のノーズインは、エルロンで右にスライドさせながら、左ラダーとエレベーターを組み合わせます。スティックの向きは図のようになります。

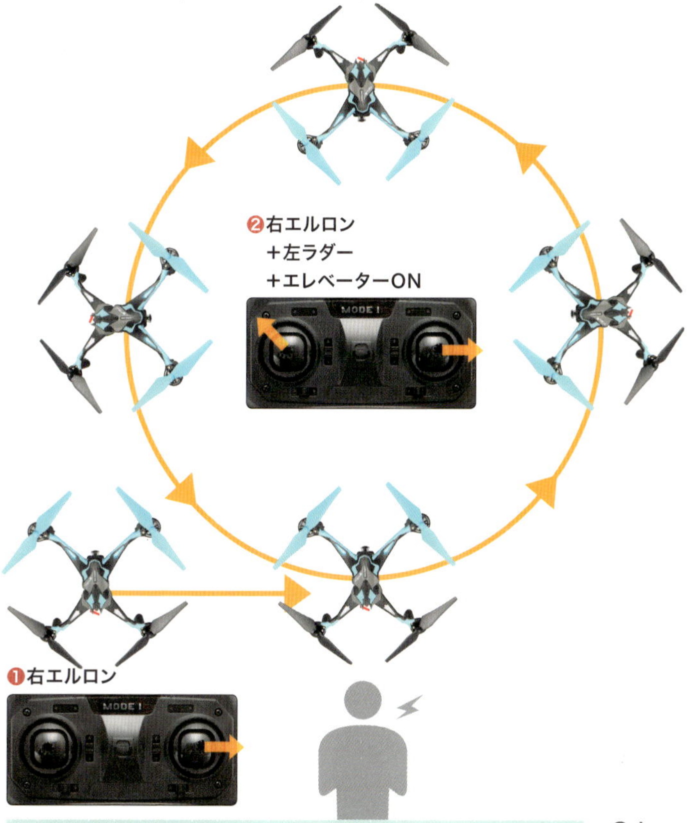

Check

スロットルを加える

きれいに円を描けるようになったら、スロットル操作を加えて上昇させましょう。らせんを描いて飛ぶことになります。空撮で行うとよりドラマチックになります。

STEP 6

アクロバット飛行「フリップ」

機種によりますが、GALAXY VISITOR 6にはボタン1つでフリップ（宙返り）する機能がついています。墜落しても壊れないような場所で、周囲の安全を確認してから試してみましょう。

1 頭より上の高さでホバリングする

スロットルで頭上よりも高くまで上昇し、ホバリングします。風の強さにもよりますが、4〜10m程度を目安にしてください。

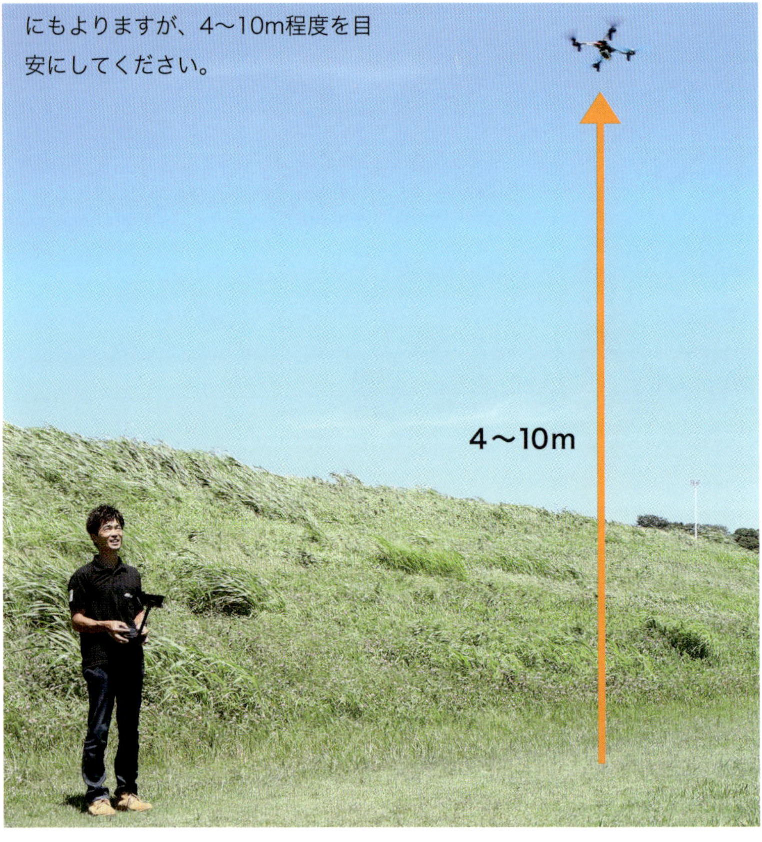

2 [FLIP]ボタン＋方向操作をする

送信機の左上にある[FLIP]ボタンを押した直後に、エルロンかエレベーター操作を行った方向に、ドローン本体がクルッと一回転します。例えば [FLIP] ＋前進エレベーター操作ならば前方宙返り、[FLIP]＋エルロンならば側宙ができます。風が強ければそのまま流されてしまうこともあるので注意が必要です。

3 地面に落ちないように操作する

フリップ後、墜落しないように送信機のスティックを操作して機体を安定させます。

Point
十分な高さと広さを確保
フリップは機体が一回転するため、一時的に不安定になります。十分な広さ、高さを確保した上で行うようにしましょう。

column

フライトシミュレーターで練習する

悪天候でドローンを飛ばせない日でも、パソコンで操縦の練習ができるのがフライトシミュレーター。ドローンは基本的な操作方法が同じため、たとえ使用するシミュレーターにお持ちの機種が入っていなくても、十分に操作感覚を養うことができます。

オススメ 1 リアルフライト7.5

最新のグラフィック技術により、実際の飛行を細部まで再現したRC飛行の定番シミュレーターです。マルチコプターをはじめ130種類以上の機体を選択可能で、5000平方マイルという巨大な3D飛行場で自由に飛行練習が可能。ゲーム感覚でフライトできる「マルチレベル・チャレンジ機能」も搭載しています。

DATA

■価格：29,000円 ■問い合わせ先：双葉電子工業 ■付属物：送信機型USBコントローラー／リアルフライト7.5 DVD ■URL：http://www.rc.futaba.co.jp/

【対応ドローン】
Explorer 580／Gaui 330X-S Quad Flyer／H4 Quadcopter 520／Heli Max 1SQ／Hexacopter 780／Octocopter 1000／Quadcopter／Quadcopter X／Tricopter 900／X8 Quadcopter 1260
※2015年8月時点

Point

シミュレーターと実機練習を組み合わせてステップアップ

シミュレーターでは、舵の打ち方でどのようなフライトになるかを確認しましょう。またシミュレーターと実際のフライトでは違いがありますが、シミュレーターでできたことを実際のフライトで試すようにすると上達が早くなります。

オススメ 2 Phoenix R/C フライトシミュレーター 5

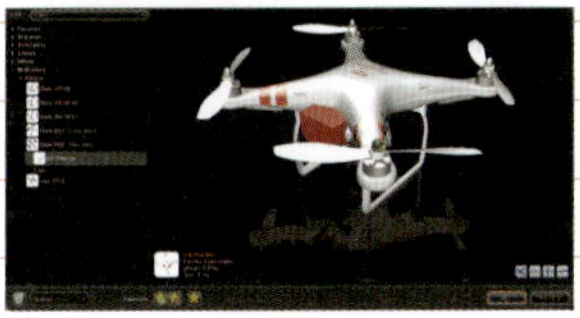

国内累計出荷本数が15000本を超えたシミュレーター。最新のVer.5.0では、近年のドローンでは定番となったGPSを使った自律飛行の機能も再現。機体に乗ったようなFPVでも飛行を楽しめるのも大きな特徴です。また、新しい機体や飛行場、アップデートパッチがリリースされると自動的に検知し、無償アップデートが可能（要インターネット環境）。新しいバージョンがリリースされるたびにソフトを買い足す必要がなく、常に最新のバージョンで快適にプレイできるのも魅力です。

DATA

■価格：17,000円　■問い合わせ先：TRESREY ■付属物：USBインターフェースケーブル（JR送信機に適合）
■URL：http://www.tresrey.com/
【対応ドローン】
Blade 350QX／Blade MQX／Phantom※1にのみ対応／Gaui 330-X
※2015年8月時点※送信機付きセット：29,800円はオンラインショップ限定で発売

Check

機種によって専用のシミュレーターがあることも

上級編で紹介する「INSPIRE 1」や、「Phantom 3」で利用する無料の専用アプリ「DJI GO」には、飛行訓練用のシミュレーター飛行モードがあります。実際に飛行するときと全く同じ画面を見ながら練習ができます。

column

次に進む前に…

屋外飛行の注意点

1 上空の風に注意する

屋外での飛行にもっとも強い影響を与えるのが風です。地上では風がないと感じても、上空では強風が吹いていることがあります。すると上昇した途端にドローンが流されてしまうことも。風の向きや強さに細心の注意を払うようにしましょう。

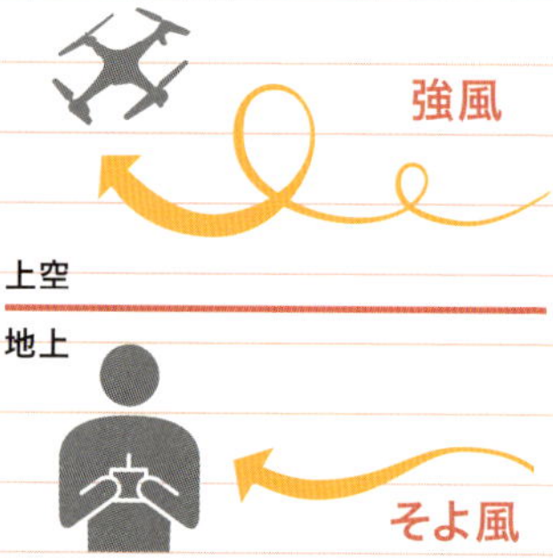

2 ロストしてしまったら…

屋外で飛ばしていると、避けられないのがドローンの紛失（ロスト）の可能性。万が一見えない場所で墜落したなら、モーターを痛めないようすぐにスロットルを下げましょう。探しながら「ここらへんかな？」と見当をつけたあたりで少しスロットルを上げると、ローターの音が聞こえて発見しやすくなります。

プロなみの空撮を楽しもう【上級編】

ドローンオーナーならば誰もが憧れるのが、プロ顔負けの空撮です。上級編となるPart4では、空撮のプロも実際に使用しているハイスペックなモデルで解説。アプリの設定や起動方法、操作の特性を理解します。さらに感動的な動画を撮影するための、実践的な空撮テクニックを紹介します。

Part 4

STEP 1

本格的な操縦と空撮を楽しもう

実売価格で10万円を超えるクラスになると、趣味のドローンとしてはフルスペックともいえる機能を備えています。プロユースで活躍している機体もあり、アマチュアとは思えない本格的な空撮も可能になります。

INSPIRE 1

■価格：383,400円■サイズ：幅438㎜×奥行き451㎜×高さ301㎜ 重量2935g■カメラ：1200万画素／4096×2160pixel（静止画4000×3000pixel）■飛行時間：約18分■バッテリー：22.8V 5700mAh Li-Po■電波到達距離：約2000m■問い合わせ先：セキド■URL：http://www.sekido-rc.com/?pid=83438061

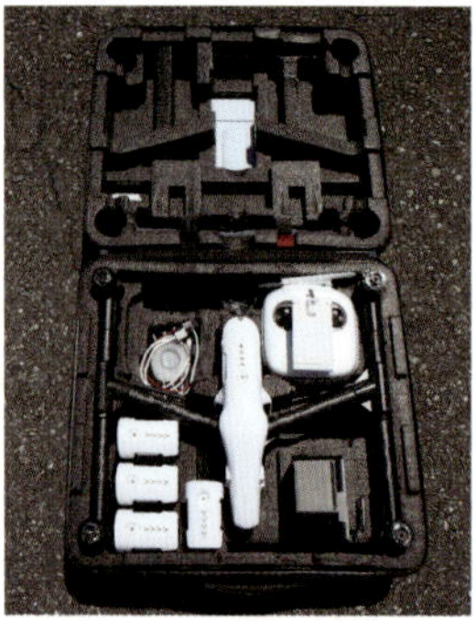

INSPIRE 1は専用のケースに入っており、持ち運びにも便利です。

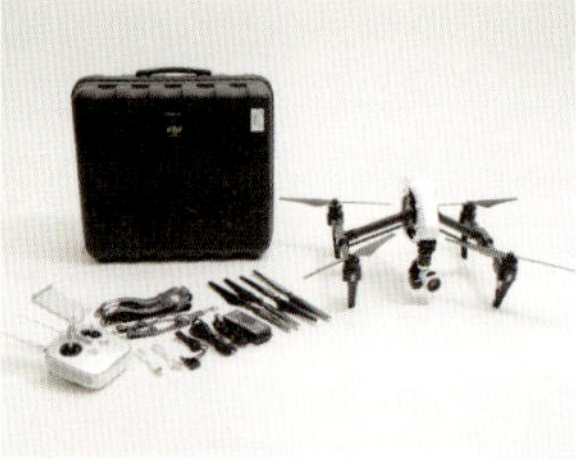

本体とバッテリー、送信機（2パイロットモデルは2機）、スペアローター1セット（4枚）、バッテリー充電器に加え、高度な空撮を可能にするジンバルと4K対応カメラなどがセットになっています。

趣味の域を超える
ハイスペックマシーン

中級までの操縦を安定してクリアできたら上級機種（趣味のドローンとしては高価な10万円超）にしてもいいでしょう。本格的な楽しさを味わえます。

上級機の優越性は具体的には、高剛性で安定した機体、操作性のよい送信機、最高速・加速・積載重量が上がる高出力モーター、長く飛べるバッテリー容量、飛行距離・高度が伸びる電波到達距離、リモート操作できる高画質カメラ、ブレのない高精度ジンバル、撮影を妨げない収納脚、自律飛行できるGPS機能などです。目視では飛行が難しい状況もあるので、FPV飛行ができる操作レベルにあることは前提です。

上級編で使用するINSPIRE 1は、Phantomシリーズが人気のDJI社の最高機種です。現時点でドローンに求めるすべての機能を高いレベルで備え、プロユースでも活躍しています。監修の高橋氏も2台愛用で、値は張りますが本格的に趣味として続けるならトータルでお得とおすすめの機種です。

【離陸時】

【飛行時】

INSPIRE 1は、上昇すると自動的にアームが持ち上がり飛行体勢に。これにより、カメラにローターやアームが写り込むことなく空撮ができます。

STEP 2

INSPIRE 1の準備をしよう

INSPIRE 1の飛行の準備を行います。中級機のGALAXY VISITOR 6との違いや、飛ばすために必要な手順をしっかりと覚えましょう。

1 コントローラーを確認する

送信機の基本操作はモード1の機種共通です。INSPIRE1ならではのカメラ操作ボタン、特殊な操作ボタンを確認しましょう。

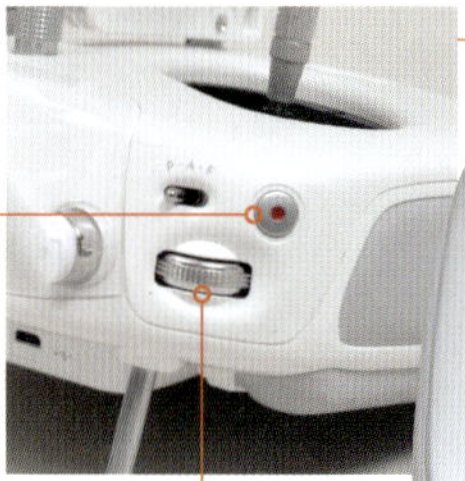

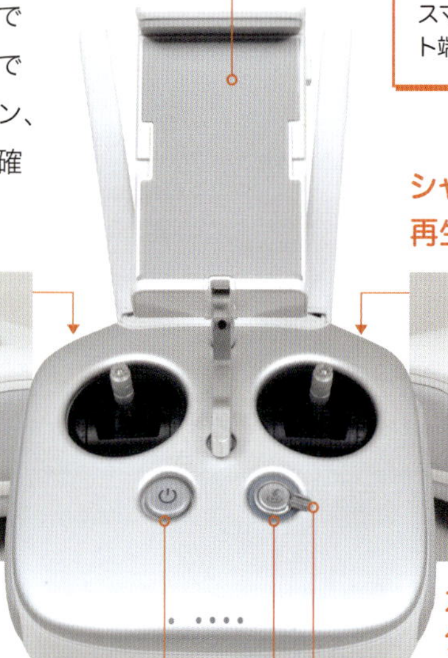

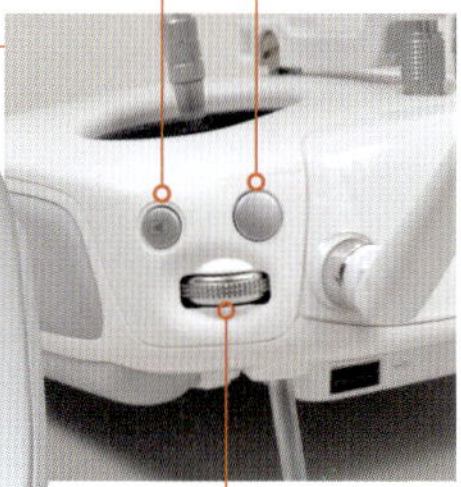

モバイル端末ホルダー

スマートフォンやタブレット端末を装着します。

シャッターボタン

再生ボタン

ジンバルダイアル

カメラの上下角度を調節します。

ビデオレコーディングボタン

カメラセッティングダイアル

カメラのISO感度や露出、シャッタースピードなどを調節します。

電源ボタン

送信機の電源をON/OFFします。

リターントゥーホームボタン

GPS機能を利用し、自動で更新される飛行の基準値「ホームポイント」まで自動的に帰還します。

トランスフォーメーションスイッチ

飛行時、運搬時のモードを切り替えます。

2 アプリケーションをダウンロードする

INSPIRE 1を動かす前に、まずは「DJI GO」をダウンロードしてインストールする必要があります。アプリはiOS8.0以降、Android4.1以降に対応しています。

3 アプリの操作画面を確認する

「DJI GO」アプリでは、バッテリー残量やGPSの強度、マップなど飛行中に必要な要素が1画面に集約されています。

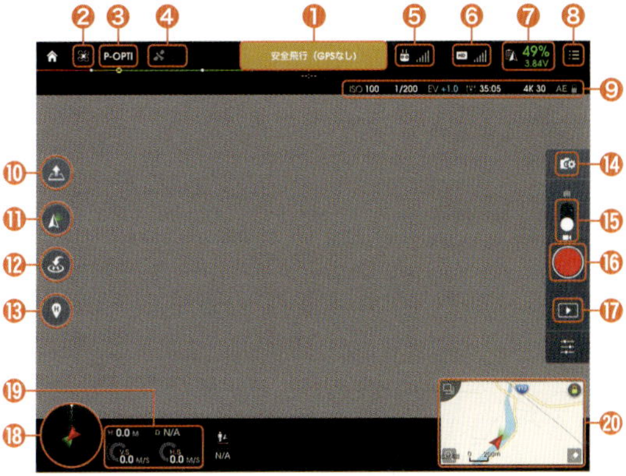

❶システム状況
GPS信号状況などを表示。タップすると[機体ステータス一覧](P78)が表示されます。

❷MCパラメーター設定
タップするとMCパラメーター設定画面(P78)が表示されます。

❸フライトモード
設定されているモードが表示されます。

❹GPS強度
GPSのレベルを示します。

❺送信機信号
送信機の信号の強度を示します。タップすると送信機設定画面(P78)が表示されます。

❻映像転送信号
HDビデオを転送する強度を示します。タップすると映像転送設定画面が表示されます。

❼バッテリー残量
バッテリーの残量を示します。タップすると詳細情報が表示されます。

❽一般設定
タップするとアプリの設定画面が表示されます。

❾カメラの設定状況
設定されているカメラのステータスが表示されます。

❿自動離陸／自動着陸ボタン
離陸時にタップすると自動で1.2mまで上昇します。飛行時にタップすると自動で着陸します。

⓫カメラ／ジンバルモードボタン
カメラとジンバルの動きを設定します。

⓬リターントゥーホームボタン
タップすると送信機のある場所まで自動で飛びます。

⓭ホームポイント設定ボタン
送信機ホームポイントを設定します。

⓮カメラ設定ボタン

⓯ビデオ／カメラボタン(P86)

⓰録画／シャッターボタン(P86)

⓱プレビューボタン
タップすると撮影した動画、静止画がプレビューできます。

⓲コンパス
機体の向きを表示します。

⓳フライトテレメトリー
機体の位置を表示します。

⓴マップ
周辺のマップと、機体の位置を表示します。タップするとカメラ画面とマップ画面が切り替わります。

4 機体ステータスを確認する

[システム状況] ボタン (P77) をタップすると、機体の状況を確認できます。ファームウェアの更新、飛行モード、コンパスキャリブレーション (P83) 、送信機のモード（1／2）、機体のバッテリー残量などです。一番上に表示されるファームウェアは頻繁に更新されるので、こまめに最新のものにアップデートしましょう。

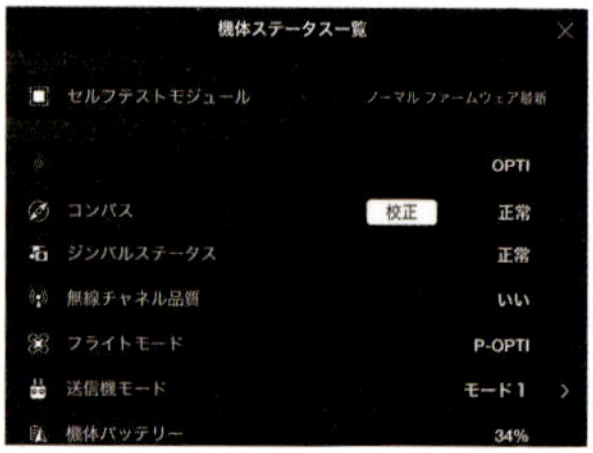

5 基本設定を行う

基本画面右上部の［一般設定］ボタン（P77）をタップ、または画面上部の各種アイコンをタップして、アプリの基本設定を行います。ここではじめに必ず行うべき4つの設定を紹介します。

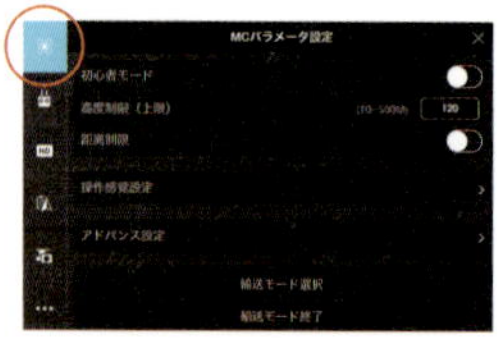

MCパラメーター設定

ドローンの高度・距離の制限などの飛行条件を設定します。最初は高度・距離が30mでGPS環境でのみ飛行を楽しめる「初心者モード」がおすすめ。慣れたら自由に設定しましょう。

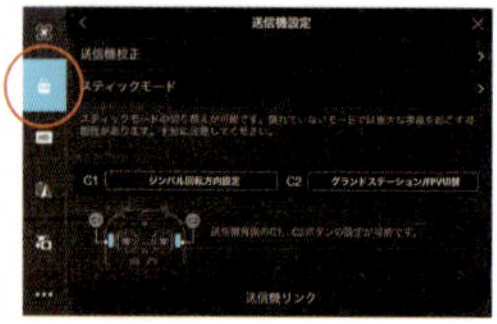

送信機設定

送信機のモード1／モード2の切り替えや、スティック操作の感度など、操作に関わる設定を行います。

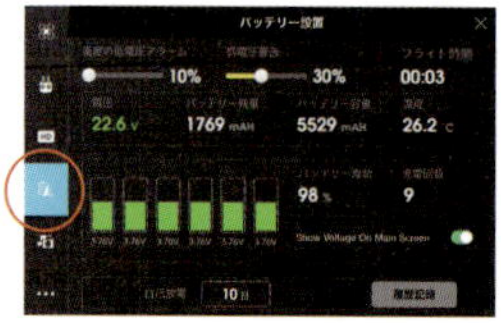

バッテリー設定

機体バッテリーの状況を確認します。電池残量が減ると自動帰還させたり、強制的に着陸させる設定も行えます。

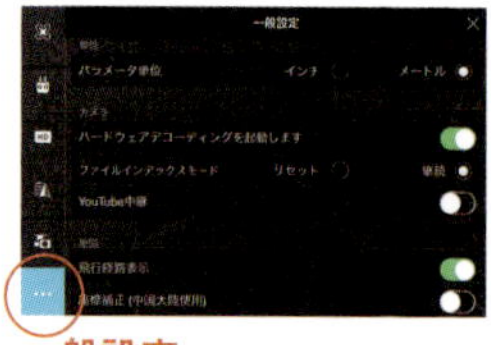

一般設定

メートル／インチの切り替えや、飛行経路の表示／非表示などを設定できます。

STEP 3 INSPIRE 1の飛行準備をしよう

アプリの設定が終わったら飛行場所に移動して、機体を飛行可能な状態に準備します。モードの変更、カメラ・ローター・モニターの取りつけなど手順を追って確実に行いましょう。

1 送信機、本体の順にONにする

送信機の電源をオンにし、次に本体の背面にある電源をオン。ノーコンになることを防ぐため、送信機→本体の順番は必ず守ってください。本体を起動すると電子音で知らせてくれます。

2 ランディングモードにする

送信機の［トランスフォーメーションスイッチ］を上下に4回以上動かすと、脚が動き機体が持ち上がります。これで運搬時の「トラベルモード」から、飛行に適した「ランディングモード」になりました。

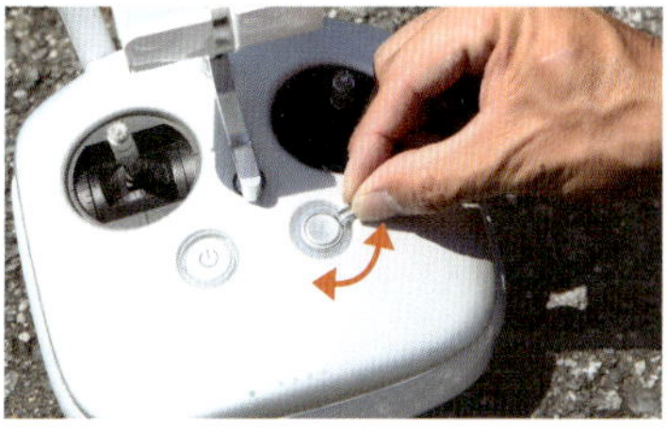

3 本体を一度オフにする

ランディングモードになったのを確認したら、飛行準備のために一度電源をオフにします。送信機の電源はオンのままで次のステップに移ります。

4 カメラを装着する

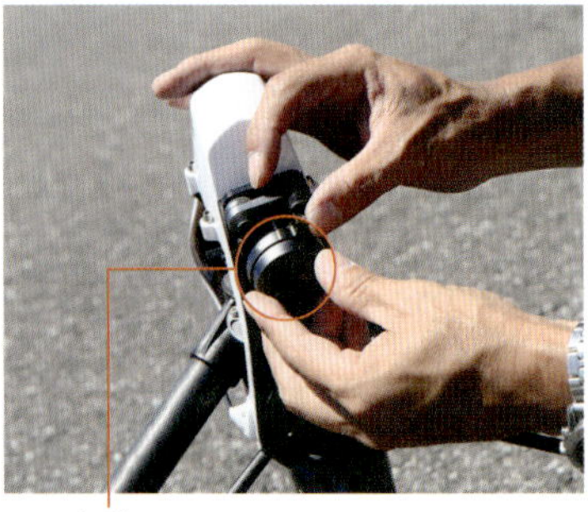

カバー

前方のマーク

運搬時は別に保管しているカメラを装着します。まず、本体下のカバーを外し、外づけのカメラを差し込みます。装着口には方向があり、カメラ上部にでっぱりがあり、白い線が引いてあるほうが前方です。カメラが取りつけ口にぴったり入ったら、ジンバルロックを時計回りに動かしてロックをかけます。

ジンバルロック

5 カメラにmicroSDカードを差し込む

カメラ横の差し込み口に、撮影データを保存するmicroSDカードを挿入します。本体に電源が入っているとカメラやジンバルに負担がかかるため、本体がオフの状態で行います。

6 FPVのモニター機器を送信機に装着する

送信機のモバイル端末ホルダーにFPVのモニター機器を装着。送信機の裏側にある端子とUSBケーブルでつなぎます。端末はスマートフォンからiPadのようなタブレットまで使用可能です。画面サイズが大きいほうが見やすいですが、あまり大きすぎても重くて操作に影響が出るため、6〜7インチの画面サイズのものがおすすめです。今回はスマートフォン「XPERIA Z1」を使用します。

USB端子は送信機の後ろにあります

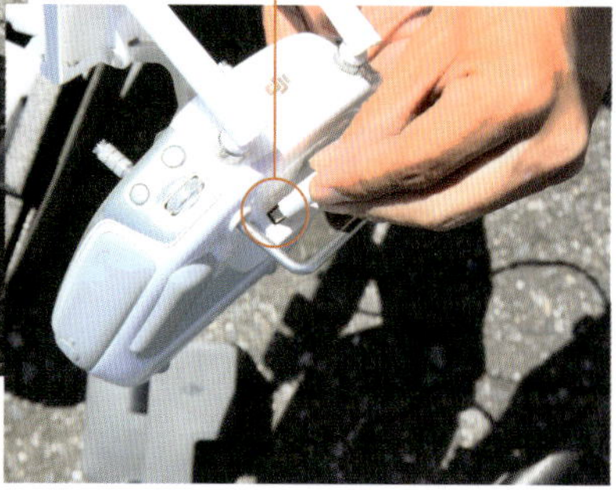

7 4つのローターを装着する

モーターに4枚のローターを装着します。ローターは同じように見えますが、回転方向が異なる2種類があります。ローターと軸受にある白いマークを目印に合わせます。ローターの回転とは逆回転に回してしっかり装着します。

Point

ロックを再度確認

飛行中にローターが取れることがないように、ロックがかかっていることをもう一度確認しましょう。使用機ではモーターを手で押さえた状態で、ローターを触っても回らなければロックがかかっています。

8 アプリを起動する

送信機に装着したタブレットで、アプリ「DJI GO」を起動します。最後に本体の電源を再びオンにすると準備は完了です。

コンパスキャリブレーションをしよう

機体に備わっているコンパスを正しくさせる調節を
「キャリブレーション」といいます。安全のために、毎回行うようにしましょう。

1

「DJI GO」を起動して、「機体ステータス一覧」画面にある「コンパス」の欄の「校正」をタップすると、コンパスキャリブレーションが開始されます。

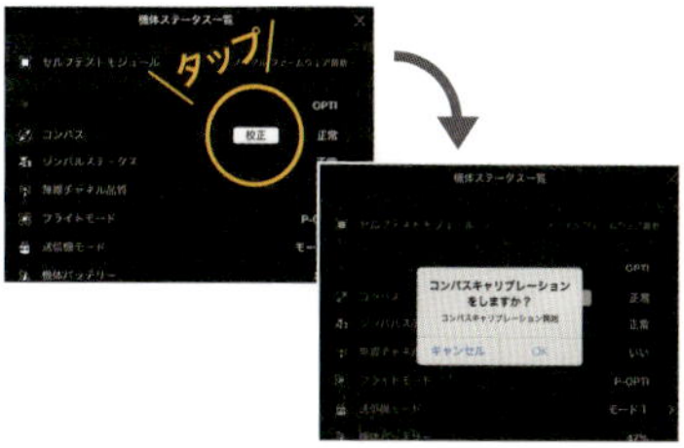

2

機体が水平になるように持ち、その場で360度回転します。機体後部のLEDライトが黄色から緑色に変わります。

3

LEDライトが緑色に変わったら、次は機体が垂直になるように持ち、再びその場で360°回転します。

4

LEDライトが緑の点灯から点滅に変わればキャリブレーションが完了です。機体を水平状態に戻し、飛行準備を行ってください。

Point

キャリブレーションを行う場所に注意

コンパスキャリブレーションは屋外で行いましょう。近くに鉄筋の建物やビルがあると「コンパス異常」となり、正常な調節ができなくなります。

STEP 4

本格的な空撮の心得

飛行準備が整ったら、さっそく飛ばしてFPVや空撮を楽しみましょう。
INSPIRE 1クラスの上級機を飛ばして空撮をする際の基本的な考え方、
ポイントを紹介します。

1 目視から始めてFPVでの操縦に慣れる

上級機でもドローンの基本操作は同じです。ただし機体のパワー、応答性、送信機の操作幅の違いなどに慣れる必要があります。4つの基本操作、8の字飛行やノーズインといった複合操作がうまくできるまで練習して、最初は目視を基本としましょう。

操作感がつかめたら飛行距離を少しずつ伸ばし、高度も上げてみます。操縦者から遠く離れて目視がしにくくなるとFPV映像の情報が頼りになります。FPV画面を見ながらの操縦には慣れが必要です。安全な場所で十分に練習してください。GPS機能が搭載されているので、万一のときは［リターントゥーホーム］ボタンを押せば自動で帰還します。

Point

はじめは2人1組が安心

最初はFPV画面を見ながら操作する「操縦係」と、横で機体の場所を確認する「目視係」の2人1組がおすすめ。目視ができる範囲で飛ばしましょう。

GPSがオフでの挙動を確認しておく

突然GPSが届かなくなっても操作ができるように、GPSのオン、オフの違いを体験しておきましょう。GPS機能があっても最終的に操縦者の腕が大切なことは変わりません。

スマートフォンやタブレットを装着した送信機は重くなるので、写真のようにストラップを使うとよいでしょう。

2 自然条件と地理を理解してフライトプランを立てる

FPVでの飛行を成功させるには、飛行前の自然条件と地理の把握が大切です。次のような情報を判断し、撮影コースをあらかじめ思い描いておくとスムーズに撮影できるでしょう。

風の強さと向きを知る

風上にはなかなか進めず、バッテリーも消耗します。風下には大きく流されます。

太陽の方角を知る

晴天の場合、方角の判断になります。また順光、逆光を考えて被写体がきれいに写る撮影方向を考えます。

周辺の地理を把握しておく

東西南北にある山、川、目立つ建物などをランドマークとして覚えておきましょう。FPVの画像から機体の向きが判断できます。

Check

☞ GPS搭載ドローンのホームに戻る機能

送信機のボタン1つで、送信機の位置を追跡して自動で戻ってくる機能を「リターントゥーホーム」といいます。条件次第でGPSに誤差が出ることもあるため、過信はできませんが、見失ったり、操作不能に陥った場合の最終手段として覚えておきましょう。

3 動画、静止画を撮る

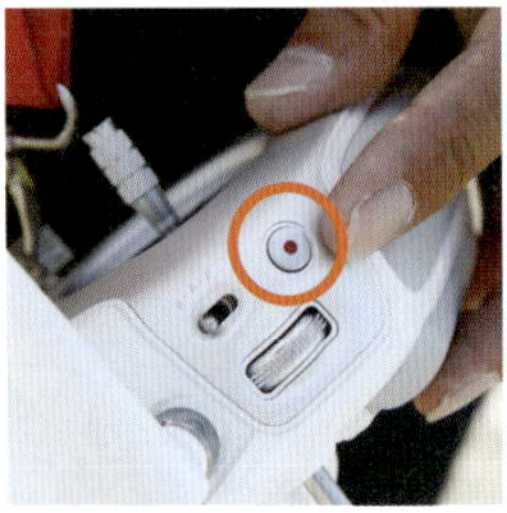

送信機の左上にある「ビデオレコーディングボタン」を押します。

動画撮影がスタートし、もう一度同じボタンを押すと録画がストップします。タブレットの画面での操作も可能です。

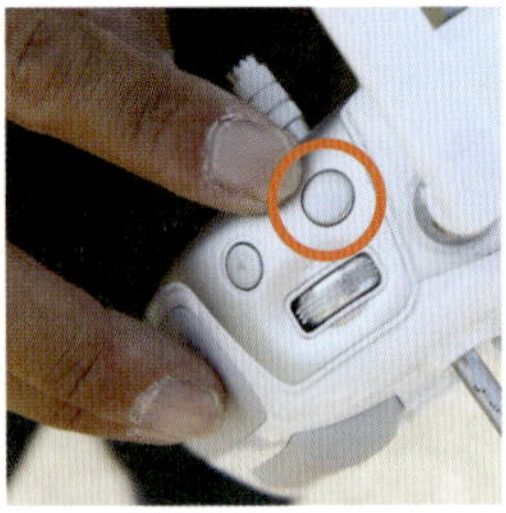

送信機右上にある「シャッターボタン」を押します。

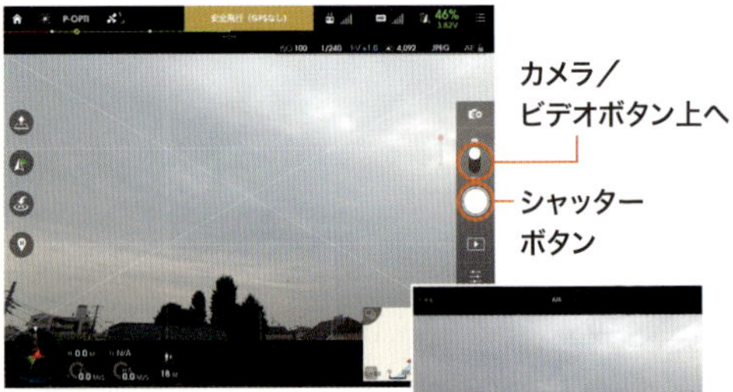

静止画が撮影されます。4Kの撮影動画から切り出しても、静止画として十分な画質になります。

Point

指でカメラの向きを操作

タブレットの画面に指を当てると、画面に青色の丸いマークが現れます。そのまま指を動かすと丸いマークも動き、それを追いかけるようにカメラが動きます。送信機でできる上下の調節だけでなく、より自由で直感的な撮影が楽しめます。

4 ジンバルダイアルを操作する

送信機左上にある「ジンバルダイアル」を操作することで、カメラの上下方向の角度（チルト）を−90度〜＋30度で調節することが可能です。人差し指で右に回すとカメラは上向きに、左に回すと下向きになります。細かな調節も可能なため、ドローンの飛行と組み合わせれば、よりなめらかで臨場感のある空撮ができます。離陸する前に地上で操作感覚を覚えておきましょう。送信機設定（P78）で、ジンバルが動くスピードも調節できます。

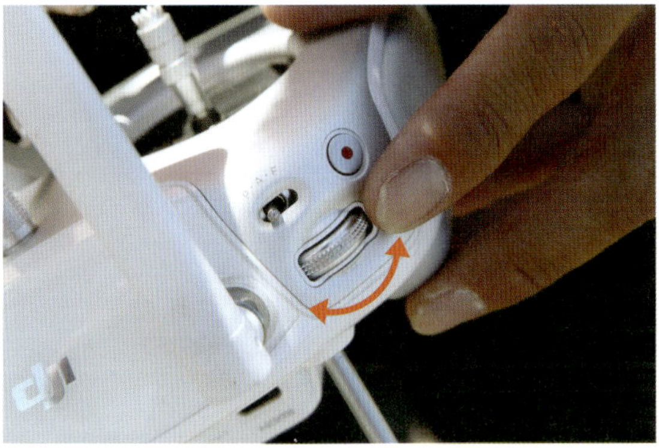

【ダイアルを右回し】

カメラが上向きに

【ダイアルを左回し】

カメラが下向きに

STEP 5

空撮テクニック①
被写体の上を通過してカメラをチルトする

INSPIRE 1を使った実用的な空撮テクニックを紹介します。まず簡単にできる直線的な空撮方法です。被写体をフレーム中央にとらえ続けるように、エルロン操作に注意しましょう。

Point

危険ですので、人物の撮影には用いないでください。

被写体に向かって正面から近づき、上を通り抜けます。臨場感あふれる、まさに「鳥の目」のような感覚です。通り抜けるときにジンバルダイアルを操作してカメラをチルト。最後まで被写体をとらえ続けます。

1 被写体を画面中央にとらえてホバリング

撮影対象がカメラの中央に入るようにホバリングします。
横風の影響を受けにくい角度を見つけるようにしましょう。

2 被写体に向かって直進する

エレベーターを操作して被写体に向かって直進します。風がある場合は細かくエルロン操作を行い、対象物がカメラの中央から外れないように保ちます。

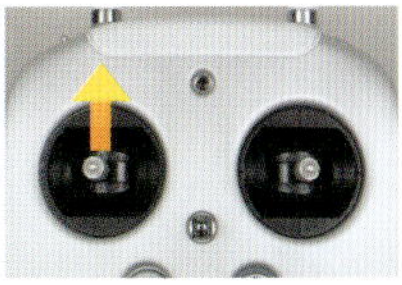

③ カメラを下方向にチルトさせる

被写体に近づくとドローンから見下ろす形になるので、画面中央にとらえ続けるように、徐々にジンバルダイアルを左に回してカメラを下方向にチルトします。

④ 被写体の上を通り抜ける

進行スピードを落とさず、対象物の上を通り抜けます。ジンバルダイアルをさらに左に回して、カメラが真下を向くようにチルトします。

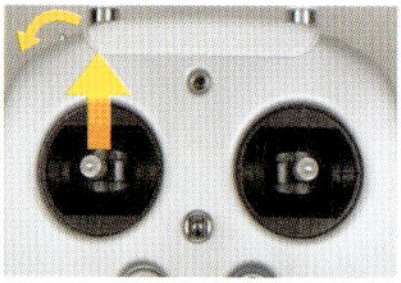

5 前方に注意して上昇する

被写体を通過した直後はカメラが下を向いており、FPVでの前方確認は困難です。視界を確保するために上昇しながらカメラを戻しましょう。

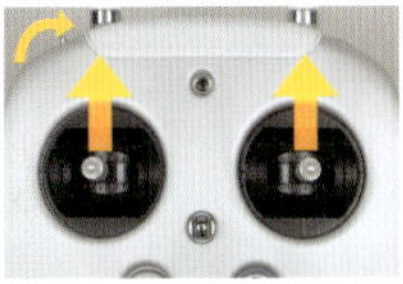

Point

エレベーターとチルト操作を同時に行う

エレベーターの操作とジンバルダイアルの操作は同じ左手で行います。混乱してしまわないようにエレベーターの操作を極力一定に保ち、速度に合わせて対象物を追いかけるようにジンバルダイアルを調整するとよいでしょう。対象物が画面センターの位置で、カメラが真下を向いたと同時にエレベーター操作を止め、急上昇するとより効果的です。さらに急上昇中は一定のラダー操作で画面を回転させるとより映像に変化が生まれます。

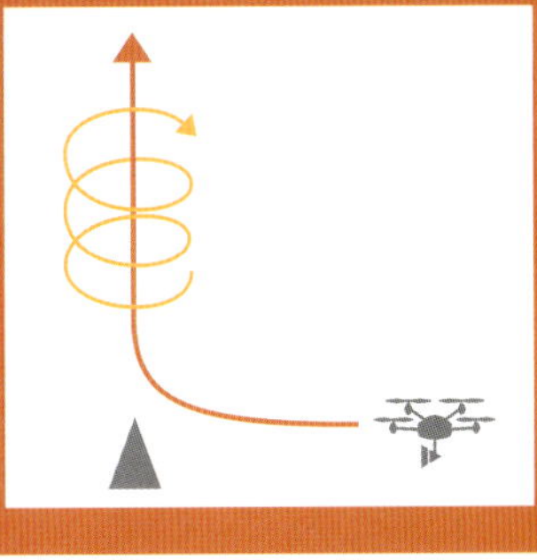

STEP 6

空撮テクニック②
被写体の周りを旋回して上昇する

**中級で紹介したノーズインのテクニックにスロットルを組み合わせて
らせん状に上昇していきます。被写体を中央にとらえつつ、
背景だけが移り変わっていくというドラマチックな演出ができます。**

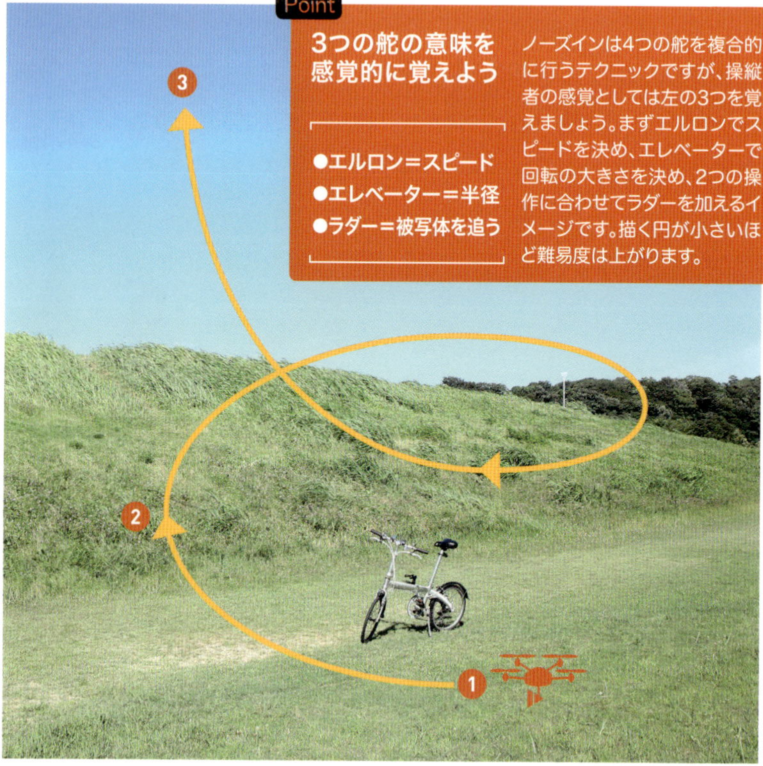

Point

3つの舵の意味を感覚的に覚えよう

- ●エルロン＝スピード
- ●エレベーター＝半径
- ●ラダー＝被写体を追う

ノーズインは4つの舵を複合的に行うテクニックですが、操縦者の感覚としては左の3つを覚えましょう。まずエルロンでスピードを決め、エレベーターで回転の大きさを決め、2つの操作に合わせてラダーを加えるイメージです。描く円が小さいほど難易度は上がります。

被写体を中心に周囲を回るノーズイン（P64）は中級編で練習しました。そこにエレベーターによる上昇を加えて、らせん状に上昇していきます。上昇中にカメラのチルト操作も必要になるので難易度は高めですが、うまくいけば映画やプロモーションビデオに見られるような、ドラマチックな映像が撮影できます。

1 被写体を中心にノーズイン

P64の操作と同じように左エルロンと右ラダー、エレベーター前進を組み合わせてノーズインを行います。あらかじめ録画をスタートした状態で始めましょう。

2 被写体をとらえながら上昇する

ノーズインの操作にスロットルを加えて上昇します。少しずつジンバルダイアルを左に回して、被写体を中央にとらえ続けるようにカメラを下向きにします。

3 上昇し、被写体を見下ろす

ノーズインを行いながらさらに上昇。それに合わせてジンバルダイアルでチルト操作を行い、被写体を追い続けます。上昇の速度に合わせてカメラに写る視界が広がります。

Point

5つの操作を同時に行う

ノーズインでは、左手がエレベーター・ラダー・ジンバルダイアル、右手がスロットル・エルロンと、5つの操作を同時に行います。それぞれの操作が雑になると撮影した動画もぎくしゃくした印象になってしまいます。最初は広い場所で操作感に慣れ、安定した空撮ができるように練習しましょう。スピードも一定であれば感動する映像になること間違いなしです。

STEP 7

空撮テクニック③
動く被写体を後進しながら正面にとらえる

移動する被写体の撮影です。まず被写体の前方を先行して飛び、バックしながら撮ります。常に被写体の正面をとらえるので、背中を追いかけるより魅力的な映像になります。

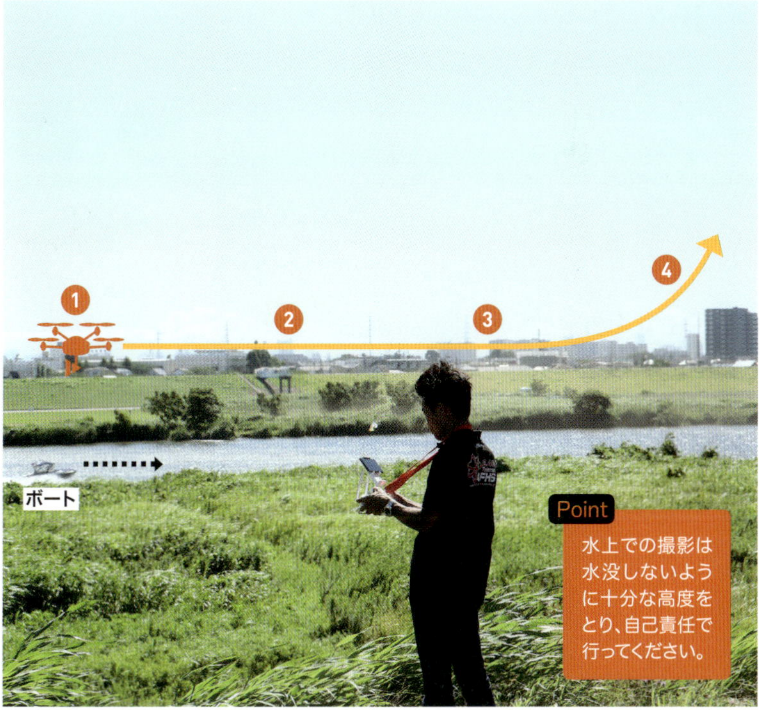

1
2
3
4
ボート
Point
水上での撮影は水没しないように十分な高度をとり、自己責任で行ってください。

自動車やボートなど移動する被写体を追いかけて撮影する場合、あとについて撮影するとずっとお尻を写すことになり魅力に乏しい映像になります。被写体を真正面からとらえて、迫力ある映像にしましょう。ドローンの強みをいかして高度にも変化をつけると効果的です。

1 被写体の正面に回り込む

移動する被写体の前に回り込んでいったんホバリング。ラダーで180度旋回して、被写体に正対します。カメラをチルトして被写体を中央にとらえます。

2 被写体の速度に合わせて後進する

エレベーター操作で機体を後進させます。画面の中で被写体が適当な大きさとなったら、被写体の速度に合わせるようにエレベーター後進を維持します。

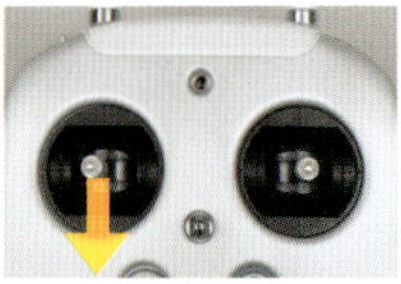

3 後進しながら高度を上げる

エレベーターで被写体の速度に合わせて後進しながら、スロットルを上げて徐々に上昇します。あわせてカメラを下向きにチルトして被写体がフレームからはずれないようにします。

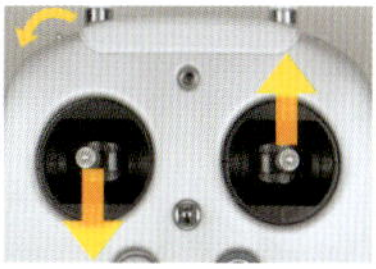

4 後進速度を上げ、離れながら上昇する

エレベーターの後進速度を上げて、上昇しながら被写体から離れていきます。必要に応じてチルトも調整します。フレームに背景が大きく入り、ドローンのスピード感が加わりダイナミックな映像になります。

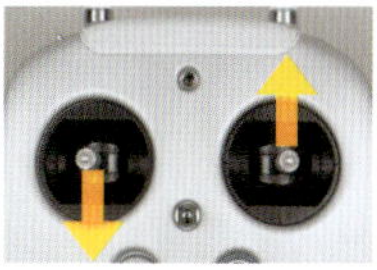

Point

後進中のエルロン操作が大切

動く被写体は、こちらの想定外の動きをすることもあります。被写体の走行ラインからドローンがはずれないよう、後進中のエルロン操作の調節を忘れないようにしましょう。また、上昇するときは勢いよくスロットルとエレベーター操作を行い、素早く逃げるイメージを持つとより効果的です。

STEP 8

空撮テクニック④
動く被写体を追い越して前にぐるっと回り込む

動く被写体をもっとダイナミックに見せたいときには、後ろから追いかけて、追い抜いてから正面を写し、さらに見送るように撮影してみましょう。いままでの複数操作の組み合わせですが、やや応用操作が必要です。

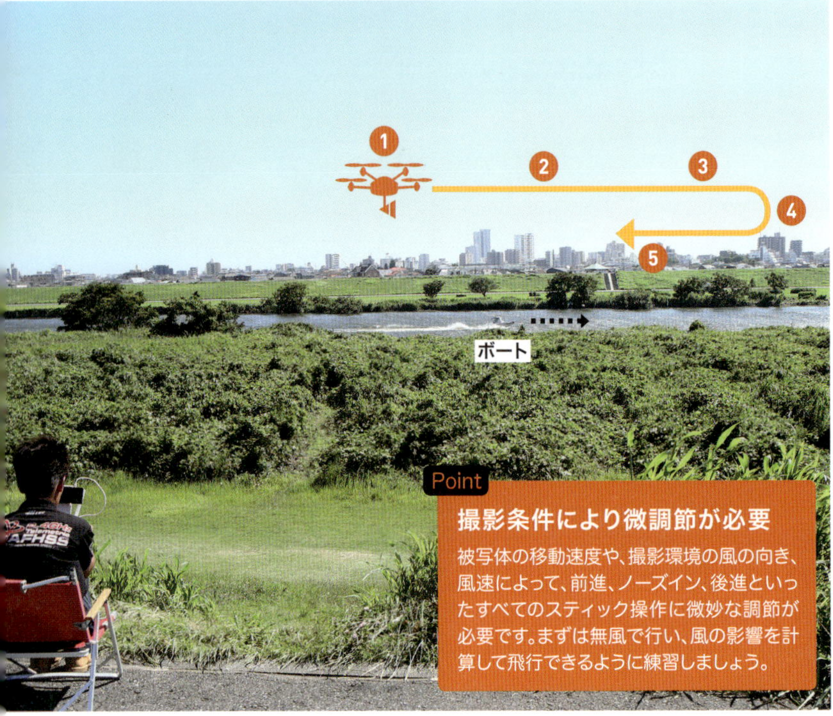

Point

撮影条件により微調節が必要

被写体の移動速度や、撮影環境の風の向き、風速によって、前進、ノーズイン、後進といったすべてのスティック操作に微妙な調節が必要です。まずは無風で行い、風の影響を計算して飛行できるように練習しましょう。

動く被写体を追いかけ、追い越して正面を写し、見送ります。被写体をすべての角度でなめるように撮りながら、刻一刻と変わる背景も美しく表現できます。基本的には前進、ノーズイン、後進というこれまでの操作テクニックの組み合わせですが、この3つの操作をスムーズに移行させるのに加えて、被写体が動くのでノーズインの中心を変化させる応用操作が必要です。

1 被写体を後ろから追いかける

スロットルで一定の高度を保ちながら、エレベーターで被写体より速く前進して追い抜き始めます。被写体に近づくにしたがってカメラを下向きにして画面中央におさめます。

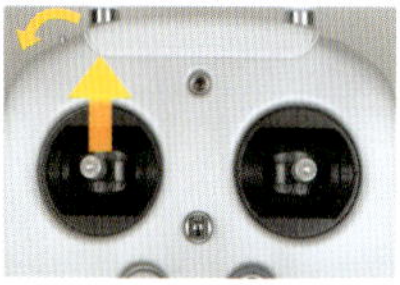

2 ラダーで右旋回しながらエルロンを加える

被写体に並ぶタイミングで、徐々に右ラダーで右旋回。
被写体と並走するため、少しずつ左エルロンを加えます。

3 ノーズインを開始する

被写体に並んだら、追い抜きながらノーズインの操作を始めます。ここでは左側から右(時計)回転するので、左エルロン＋右ラダー＋エレベーター前進です。ポイントはエレベーターの量で、中心となる被写体が前進しているので、静止している被写体よりはエレベーターを抑え、横スライドするように回転の中心を被写体の進行方向へずらしていきます。追い抜いて被写体から離れるにしたがってカメラを上向きに調整します。

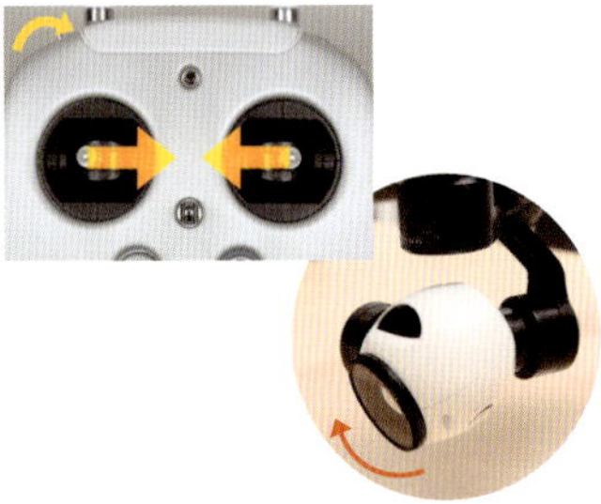

4 ノーズインの半径を小さくする

180度旋回して被写体の正面を超えたら、そのまま弧を描いて被写体の右側に回り込みます。被写体が手前に向かってきているため、通常のノーズイン操作では被写体が近づきすぎてしまいます。回転に合わせて後進のエレベーター操作を加え、一定の距離を保つようにしましょう。

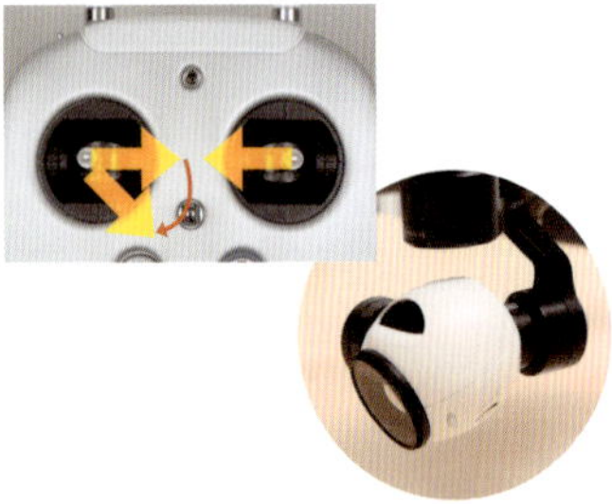

5 270度旋回したらホバリングにして見送る

ノーズインで270度旋回して被写体の右側面をとらえます。右エルロン操作を弱めて、被写体に追い越されます。ホバリング状態にしてボートを見送ります。

【ドローンの軌道と機首の向き】

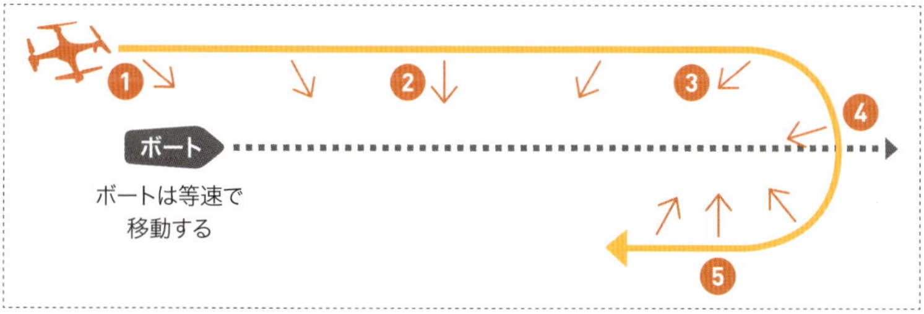

Point

被写体との距離を一定に保つ

エルロン、エレベーター操作のタイミングで被写体との距離が変化してしまうので注意しましょう。②のボートを追い越す時はエルロンの操作量は多いですが、逆にボートが追い越す⑤は少しのエルロン操作でボートが自然に追い抜きます。またボートが近づいたと思ったら、ジンバルダイアルを操作するのも効果的です。

空撮動画をYouTubeにアップしよう

撮影した空撮動画をPCで編集してYouTubeにアップロードしてみましょう。空撮にもっと凝ってみたくなったり、同じ趣味の仲間と交流ができたりと、世界が広がります！

動画を取り込む

Ⓐ動画の書き出し

撮影した動画データはmicroSDなどに記録されているので（P59）、付属のUSBコネクタやカードリーダーを使って、PCに取り込みます。GALAXY VISITOR 6はFLV形式、INSPIRE 1はMP4かMOV（撮影時に選択）形式で保存されています。

Ⓑアプリを使ってスマホ・タブレットに取り込む

INSPIRE 1やPhantomなどでは、専用アプリ（DJI GO）を使ってスマホやタブレットに動画を取り込み、編集やYouTubeへのアップロードができます。4K動画は扱うことができません。

機体の電源を入れたら、アプリを「再生」モードにして、右下「ダウンロード」アイコンを選択。

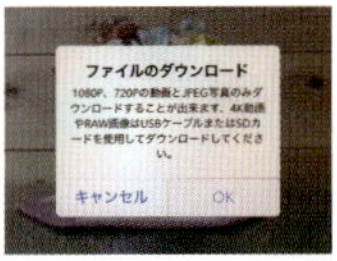

動画ダウンロードの準備が始まるので「OK」を選択します。

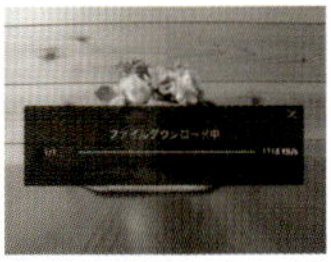

「OK」を選択したら動画ファイルがダウンロードされます。

撮影データを取り込む

動画の不要な部分をカットしたり、BGMをつけたりするには「動画編集ソフト」が必要です。使用PCのOS、予算、機体やカメラの動画保存形式などを考慮に入れて選びましょう。GALAXY VISITOR 6の動画保存形式であるFLVは対応しているソフトが少ないので要注意！ 右記ソフト一覧ではAviUtlのみ対応（要プラグイン）しています。一般的に無料ソフトより有料ソフトのほうが使いやすく、機能も充実。値段も1万円台からあるので、編集に凝ってみたい人には有料ソフトがおすすめです。Windows用なら「VideoStudio Pro」、Mac用なら「Final Cut Pro X」などが代表格。本項ではWindows／Mac対応の「Adobe Premiere Pro CC」で基本的な動画編集を解説します。

ソフト名	対応OS	有／無料	4K動画
AviUtl	Win	無料	○
Windows ムービーメーカー	Win	無料	○
VideoStudio Pro	Win	有料	○
iMovie	Mac	無料※	−
Final Cut Pro X	Mac	有料	○
Adobe Premiere Pro CC	Win／Mac	有料	○

※条件付きで無料。詳細はHPをご参照ください。

Adobe Premiere Pro CCで動画を編集する

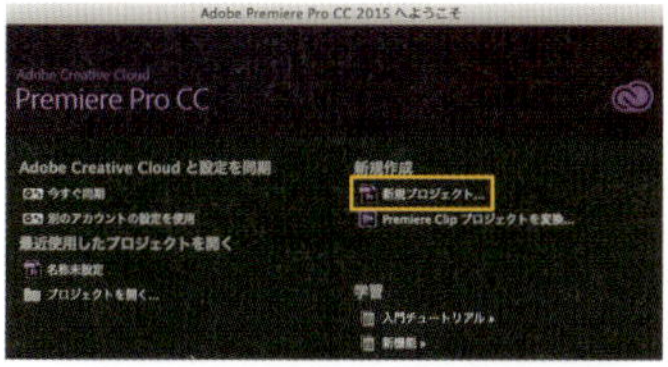

①新規プロジェクトを作成・設定する

ソフトを起動したら新規プロジェクトを作成し、プロジェクト名、保存先などを設定します。

②プロジェクトに動画ファイルをインポートする

プロジェクトを設定したら、動画や音楽ファイルをインポートします。インポート方法は、画面上部の「ファイル」から「読み込み」を選択するか、画面左下の「プロジェクト」ウィンドウにファイルを直接ドラッグ＆ドロップします。次に、「ファイル」から新規シーケンスを作成して、動画サイズ（フレームサイズ）の大きさなどを設定します。

Point シーケンス設定は高品質に

フレームサイズやビットレートを高品質に設定しておくと、YouTubeにアップロードした際の画像の荒れを軽減することができます。

③動画を編集する（1）―粗編―

インポートしたファイルを「プロジェクト」ウィンドウ右横のタイムラインにドラッグ＆ドロップで配置して、動画を並び替えたりカットしたりといった編集作業を行います。動画を並び替える際には選択ツールⒶを、カットする際にはレーザーツールⒷをそれぞれタイムライン左横のツールバーから選んで使用します。

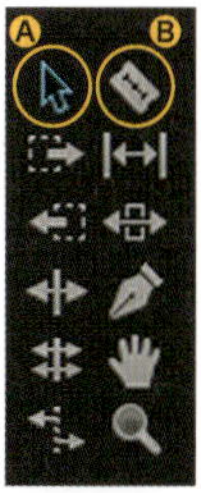

Point 不必要な箇所をざっくりカット

タイムライン上に並べた動画の頭部分からきっちり作り込んでいくより、不要な部分をざっくりカットしてつなげていったほうが、効率的かつバランスよく編集できます。この作業を「粗編（あらへん）」と呼びます。

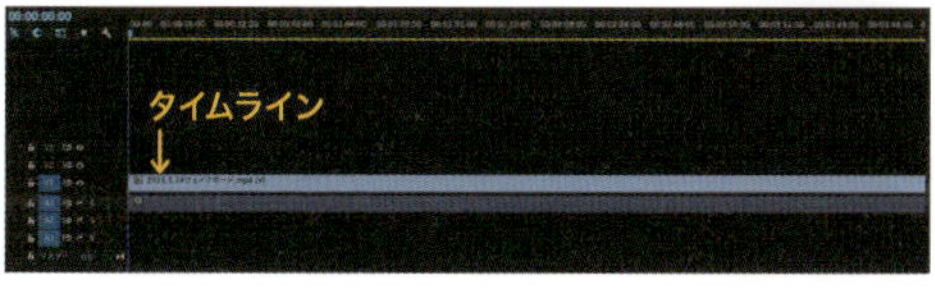

④動画を編集する(2)─BGMをつける─

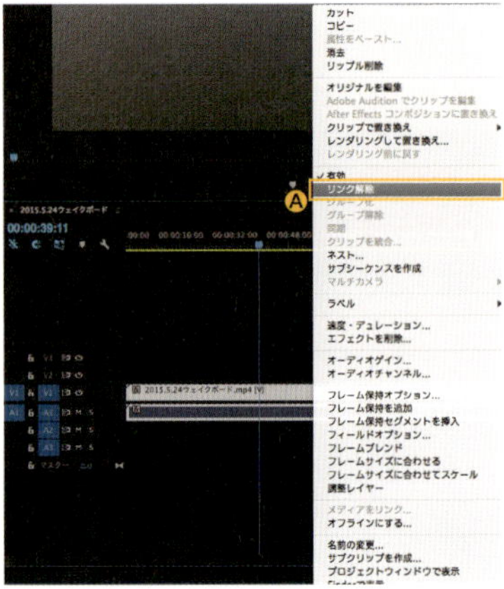

編集した動画にBGMをつけるには、まず動画にもともと入っている音を削除します。削除するにはタイムライン上の動画を右クリックして、リンク解除Ⓐを選択します。そして、使いたい音楽ファイルをタイムライン上にドラッグ&ドロップすればOK。あとは音楽のリズムに合わせて、細かい編集を進めていきます。

Point 使用する音楽に関する注意

BGMをつける際に気をつけたいのが著作権の問題。著作権のある音源を使用すると、ContentIDの申し立てや削除依頼がされることも。著作権に問題のないフリー素材を使っておくと安心です。

⑤動画を書き出す

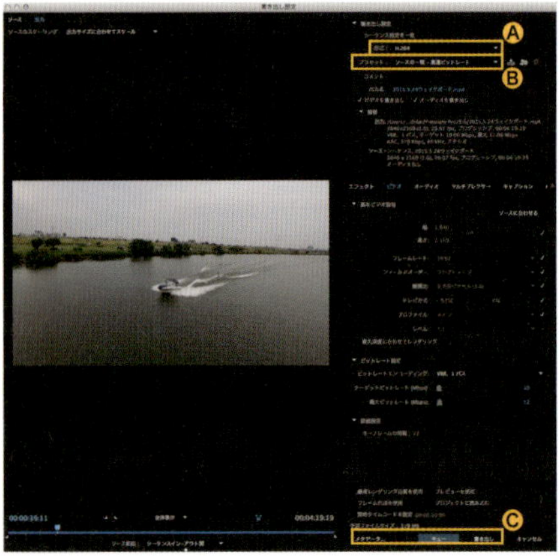

すべての編集作業が終わったら、動画を書き出します。「ファイル」から「書き出し」→「メディア」に進むと「書き出し設定ウィンドウ」が開きます。
その際、形式Ⓐは「H.264」、プリセットⒷは「YouTube 2160p 4K」を選択し(素材が4K動画の場合)、必要に応じて出力名(ファイル名)を設定します。そして、ウィンドウ右下の書き出しボタンⒸをクリックして、動画を書き出します。ちなみに、YouTubeにアップする動画はH.264形式のMP4かMOVが推奨されています。

Point YouTubeにアップできる動画のサイズは?

デフォルトの設定でアップロードできる動画はファイルサイズ2GB、長さ15分まで。ただし、「上限引き上げ」の設定を行えば、最大128GB、11時間までの動画をアップロードできるようになります(2015年8月現在)。

YouTubeにアップロードする

①Googleアカウントでサインインして、アップロードリンクをクリック

動画をアップロードするには、まずGoogleアカウントでログインします。そして、ログインリンクの左横にあるアップロードリンクをクリックして、アップロードページへ移動します。

②アップロードする動画ファイルを選択

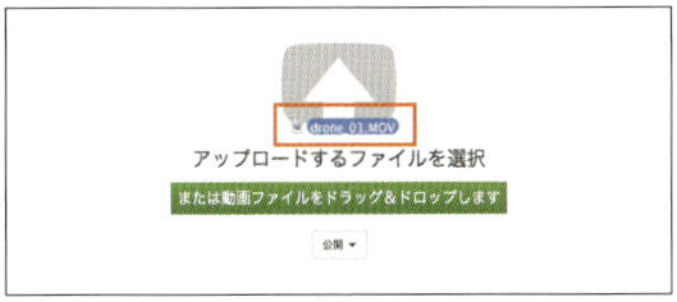

ガイダンスに従って「アップロードするファイルを選択」画面をクリック、もしくは、ブラウザに直接ファイルをドラッグ＆ドロップしてアップロードを開始します。

③タイトル・説明文・公開範囲を設定

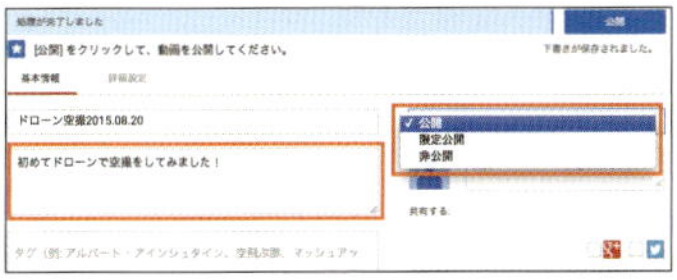

まず、動画の内容が伝わるタイトルと説明文を入力します。「ドローン」「空撮」といったキーワードを入れると、同じ趣味の仲間に見つけてもらいやすくなるでしょう。そして最後に公開範囲を設定します。誰でも見られる「公開」、URLを知っている人が見られる「限定公開」、共有指定したGoogleアカウントでのみ見られる「非公開」の中から目的に合わせて選びましょう。

SNSシェアで交流を楽しむ

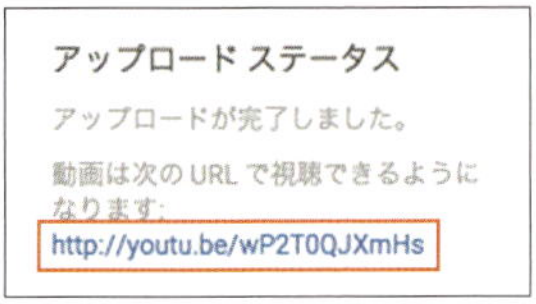

アップロードが完了したら、画面左中央にリンクURLが表示されます。これをFacebookやTwitterといったSNS（ソーシャル・ネットワーキング・サービス）でシェアするとよいでしょう。動画に対するコメントやアドバイスをもらうことで新しい交流が生まれることも。

column

ドローン講習会に参加しよう

**ドローンの技術を磨き、知識を深めるならば、
プロから直接指導してもらえる講習会もおすすめです。**

**「Phantom 3」安全フライト
テクニカル講習会in TOKYO**

■日時:2015年7月24日
■場所:味の素スタジアム
■参加人数:8名(予約制)
■参加対象者:すでにPhantom 3を使っている中級ユーザー
■参加費:15000円(税込)
セキド会員かつ、セキドでPhantom 3の購入者。それ以外は30000円(税込)
※講習により異なる
■問い合わせ先:セキド
URL:http://www.sekido-rc.com/

本書で使用したINSPIRE 1をはじめ、DJIのドローンを日本正規代理店として取り扱うセキドでは、定期的にドローンの講習会を開催しています。今回取材したのは、すでにPhantom 3を持っている人を対象とした、少人数限定の中級クラスイベント。座学から操作テクニックま

で総合的なレベルの向上を目指す、10:00〜16:00までの1日の集中講座です。

会議室で行う座学パートでは、ドローンオーナーに関する法律や規制をはじめ、保険や航空機への持ち込み方法、バッテリーの処分方法など、より実用的な内容が講義されました。続いては参加者のPhantom 3を使って、実際にキャリブレーションなどの設定を行います。3名の講師たちの丁寧な解説に参加者も真剣に取り組んでいました。

1 スタジアム内で行われた座学パートの様子。参加者からの質問も飛び交い、活発な講義となりました。

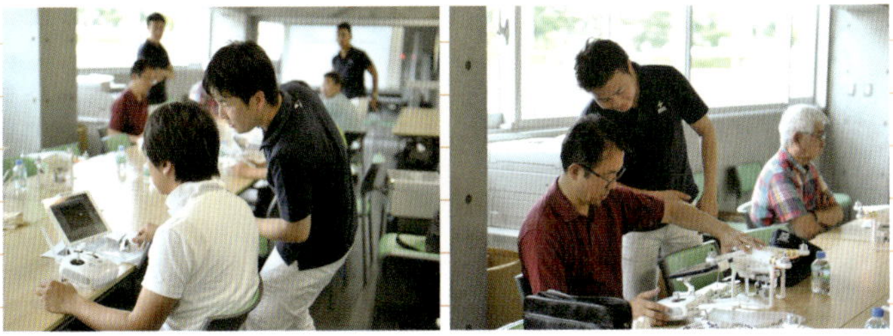

2 持参したドローンの設定画面を見ながら細かなセッティング。講師がつきっきりになって進行するので、疑問点がスムーズに解決されます。

続いては、広々としたスタジアムでの飛行トレーニング。GPSの有無による感覚の違いを肌で感じ、難易度の高い8の字飛行まで行いました。講師がつきっきりでコツやポイントを教えてくれるので、短時間でグングン上達します。

同機のオーナー限定ですが、本気で上達したい人には、安全で広い場所で飛ばせて、技術指導まで受けられる貴重な機会です。同社ではこれに限らず頻繁にオーナー向け講習会を行っているので、興味がある方は問い合わせてみるとよいでしょう。

飛行トレーニングの様子。まずは講師がデモフライトを行い、参加者たちが順番でトレーニングを行います。ここでも、マンツーマンで解説する、手厚いサポートが印象的でした。

3

参加者と講師で記念撮影。参加者の間でも意見交換が行われ、なごやかな講習会となりました。

レベル別おすすめ
ドローンカタログ

国内で購入できるホビーユースドローンを、スペックや操縦レベルから「初級向け」、「中級向け」、「上級向け」の3段階に分類して紹介します。各機種に特徴や長所・短所がありますので、自分の目的とレベルに合った機体を見つけましょう。手の平サイズの「ミニミニドローン」や、ドローンに搭載するアクションカメラも紹介します。

Part

5

=カメラ搭載　GPS =GPS対応

=送信機付属　FPV =FPV対応

=別売のカメラ、送信機対応

Nine Eagles

GALAXY VISITOR 8

ナインイーグルス（ハイテック マルチプレックス ジャパン）ギャラクシービジター8

GPS FPV

抜群の安定感と運動性！ドローン入門に最適の一機

安定性、操作性に定評のあるGALAXY VISITORシリーズの中でも最高レベルの安定性能、運動性能を誇るVISITOR 8。初心者でも安心して飛ばせる練習機として活躍してくれます。カメラは搭載されていないものの、視認性の高いサイズ感や前後が見分けやすいカラーリング、約10分と長めの飛行時間など、シンプルに「飛ばす楽しみ」が追求された仕様になっています。また、送信機やバッテリーなどが全てそろっているので、何も買い足さずに飛ばせるのも初心者にうれしい点です。

機体の裏面に高輝度LEDライトを搭載しているので、機体の向きが視認しやすくなっています。

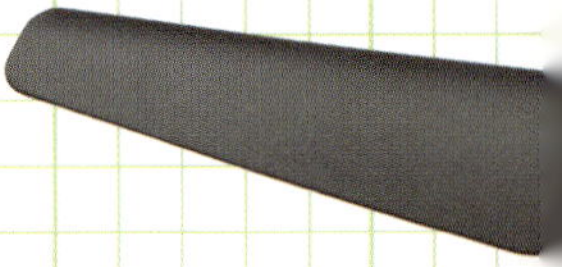

Point

バランスのいいモーター

エネルギー効率に優れたコアレスモーターを採用。モーターのパワーバランスが優れているので、屋外フライトに適しています。静音性も◎。

Recommend

❶基本操作マスターに必要なオールインワンセット
❷高性能6軸センサー装備で超安定フライト
❸屋外フライトデビューに向いたモーターパワーバランス

Point
大人も満足の クールなデザイン

ブラック&グリーン、ホワイト&ブラックのカラーリングに、近未来的なスクエア型の機体がクール！ 入門機ながら、「おもちゃ感」は一切感じさせません。

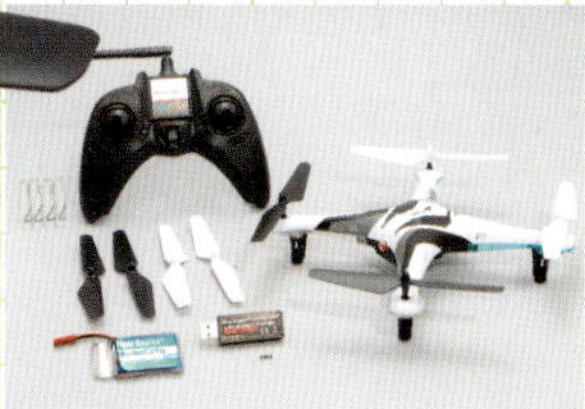

本体、送信機、送信機用乾電池、本体用リポバッテリー、USB充電器、スペアローター、取扱説明書など飛行に必要なものがすべてセットに。

DATA

■価格：12,800円■サイズ：幅230mm×奥行き230mm×高さ72mm 重量113g■飛行時間：約10分■バッテリー：3.7V 700mAh Li-Po■電波到達距離：約100m■カラー／ブラック&ホワイト、グリーン&グレー■問い合わせ先：ハイテック マルチプレックス ジャパン■URL：http://www.hitecrcd.co.jp/products/nineeagles/galaxyvisitor8/

初級機

KYOSHO EGG

クアトロックス ULTRA

キョーショーエッグ（京商）クアトロックス ウルトラ

パワフルフライトで ビギナーでも空撮が楽しめる！

大容量バッテリー採用で、シリーズ中ではもっともパワフルなフライトと快適な空撮が楽しめます。ハイ／ミドル／ノーマルと3段階のスピードモードが選べるので、ハイスピードモードでダイナミックな動画を、ノーマルスピードモードでブレの少ない静止画を撮影するなど、用途に合わせた操作が可能です。6軸センサーに加えて電子コンパスを搭載することで、簡単かつ安定性の高い操作感を実現しています。

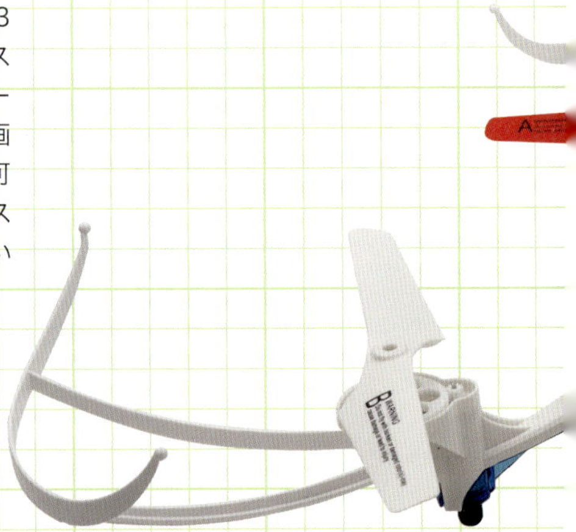

左スティックを垂直に押すと「ヘッドレスモード」に移行。機体がどちらを向いているかに関係なく、スティックを倒した方向に操作できるようになります。

Point

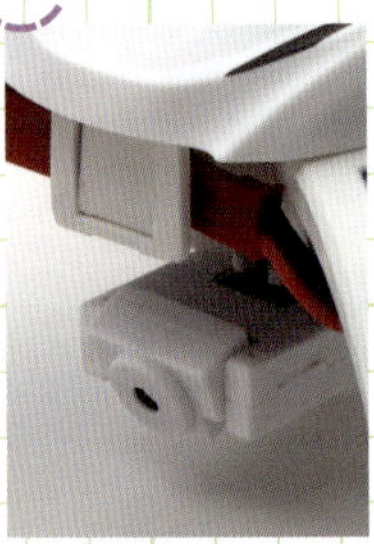

200万画素のカメラで クリアな動画が撮れる！

動画も静止画も撮影できる200万画素カメラ搭載。送信機のスイッチを押すだけで、簡単に空撮が楽しめます。撮影データを保存するには別売のmicroSDカードが必要です。

Recommend

❶スイッチひとつで静止画&動画を簡単撮影

❷“ヘッドレスモード”で対面操作の難しさを解消

❸付属のカードリーダーで撮影データの読み込みも簡単に

Point 飛ばしやすさを追求したデザイン

スリムなフォルムはフライト時の空気抵抗を低減。また、はっきり見やすいカラーリングで、前後確認がしやすくなっています。

DATA

■価格：16,800円■サイズ：幅340mm×奥行き340mm×高さ60mm 重量120g■カメラ：200万画素／1280×720pixel■飛行時間：約8分■バッテリー：3.7V 650mAh Li-Po■電波到達距離：約25〜30m■問い合わせ先：京商■URL：http://kyoshoegg.jp/toy_rc-drone.html

Nine Eagles

GALAXY VISITOR 6

ナインイーグルス（ハイテック マルチプレックス ジャパン）ギャラクシービジター6

手元のモニターで 空撮視点が楽しめるFPV機能搭載

機体の自動制御に6軸センサーを採用することで非常に安定したフライトが可能に。高度を自動維持する高度ロック機能も操縦の補助となり、より空撮に専念しやすくなりました。また、前後でローターの色が違う、別売でローターブレードガード（税別1,000円）が用意されているなど、練習機としての機能が充実しています。

Recommend

1. Wi-Fi FPV通信 最大100m
2. 付属のカードリーダーでPCに撮影画像を簡単読み込み
3. ボタン1つで静止画も動画も感覚的な撮影が可能

飛ばすのに必要なものが全てセットに。さらに空撮データ保存用のmicroSD（2GB）も付属。

※スマートフォンは別売です

DATA

■価格：35,000円■サイズ：幅199mm×奥行き199mm×高さ54mm（ローター除く） 重量115g■カメラ：130万画素／1280×720pixel■飛行時間：約7分■バッテリー：3.7V 700mAh Li-Po■電波到達距離：約120m■カラー／グリーン、ブルー、レッド■問い合わせ先：ハイテック マルチプレックス ジャパン■URL：http://www.hitecrcd.co.jp/products/nineeagles/galaxyvisitor6/

RC Logger

RC EYE One Xtreme

アールシーロガー(ハイテック マルチプレックス ジャパン) アールシー アイ ワン エクストリーム

GPS FPV

ブラシレスモーター採用で 最高の安定性と運動性を発揮

パワーと速度制御に優れたブラシレスモーターを採用することで、全長22.5㎝の小型機ながら100gの積載量を実現。6軸センサーと高度センサーを備え、抜群の安定性・運動性を発揮します。また、フライト練習なら「ビギナーモード」、空撮なら「スポーツモード」、スピードフライトなら「エキスパート」と楽しみ方もさまざま。

Recommend

❶6軸センサーと高度センサーで安定した飛行が可能

❷3つのフライトモードでビギナーからエキスパートまで楽しめる

❸小型ながらアクションカムが搭載できる

別売の「エアリアルキット」(税別8,000円)を併用で、GoProなどのアクションカムも搭載可能。

DATA

■価格:25,000円■サイズ:幅225mm×奥行き225mm×高さ80mm(ローター除く) 重量157g(バッテリー除く)■飛行時間:5〜7分■バッテリー:7.4V 800mAh Li-Po■電波到達距離:約120m■問い合わせ先:ハイテック マルチプレックス ジャパン■URL:http://www.hitecrcd.co.jp/products/rclogger/xtreme/

G-FORCE

Soliste HD

ジーフォース ソリスト HD

HDカメラ搭載の空撮入門機

HDカメラ搭載のうえ、機体の向きに関係なく操縦者から見た方向に機体を動かせる「オリエンテーションモード」、ボタンひとつで機体が操縦者のもとに戻る「リターンモード」といった便利機能も充実。レベルに合わせて3段階で操縦感度の調節も行えるなど、空撮初心者がレベルアップを目指す相棒としてふさわしい一機です。

Recommend

❶送信機のスイッチでリモート撮影可能

❷初心者にやさしい「オリエンテーションモード」搭載

❸1万円台前半で充実の空撮機能

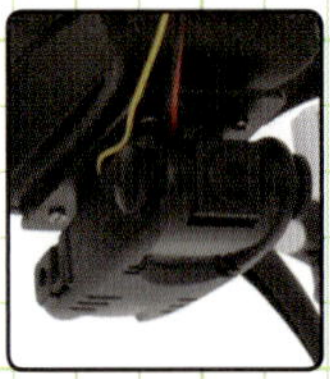

付属カメラユニットのレンズ部分は可動式。好きなアングルで撮影することができます。

DATA

■価格：13,800円■サイズ：幅304㎜×奥行き304㎜×高さ84㎜ 重量82.5g（バッテリー除く）■カメラ：200万画素／1280×720pixel■飛行時間：約7〜8分■バッテリー：3.7V 400mAh Li-Po■電波到達距離：約200m■問い合わせ先：G-FORCE■URL：http://www.gforce-hobby.jp/products/GB221.html

TEAD

Alien-X6

テッド エイリアン X6

GPS FPV

200万画素の動画撮影が楽しめる 空撮入門にぴったりのホビー機種

全長20㎝と小ぶりな機体ながら、ローター6基搭載で安定感のある飛行性能を備えたヘキサコプター。ネイティブで付属しているカメラは200万画素のHD画質、上空70※mまで飛行可能など、本格的な空撮挑戦にぴったりなスペックも頼もしいところ。2015年度東京ギフトショーで新製品コンテスト大賞受賞という実績も。

※目視範囲外までドローンを飛ばすことは禁止されています

Recommend

1. 手のひらサイズの機体で200万画素HD動画撮影可能
2. バッテリーが2個付属で長時間遊べる！
3. 6基のローターが安定飛行を確保

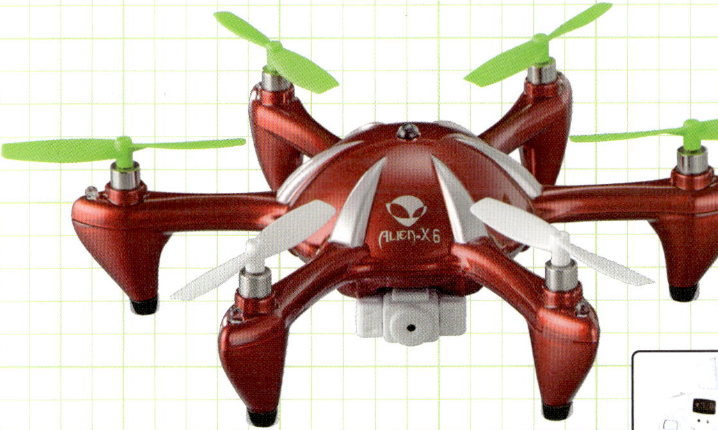

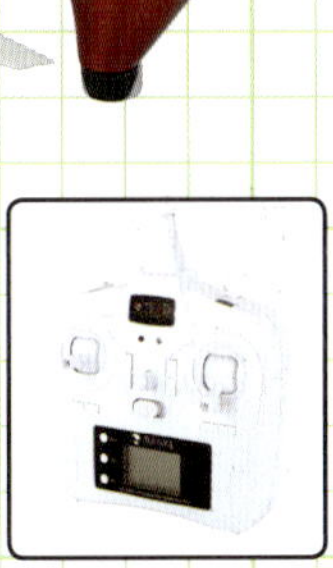

送信機のボタンひとつで360度フリップができる、高い運動性能も魅力。

DATA

■価格：12,800円■サイズ：幅130mm×奥行き200mm×高さ40mm 重量61g■カメラ：200万画素／1280×720pixel■飛行時間：約6～8分■バッテリー：3.7V 520mAh Li-Po■電波到達距離：約70m■問い合わせ先：TEAD■URL：http://shop.tead.jp/shopdetail/000000001274/ct38/page1/order/

初級機

Parrot

Airborne Night

パロット エアボーン ナイト

GPS FPV

アクロバティックでスピーディーなフライト能力を誇る小型機

フランスParrot社のミニドローンシリーズ最新作は、大型機にも使われている高度なセンサーを搭載。最高時速18kmのスピーディなフライト、スマホやタブレットの画面をスワイプするだけでターンをきめるアクロバット飛行なども軽々と披露してくれます。また、ボディ下部には垂直カメラがついていて、操縦中の様子を空中からセルフィー（自撮り）することも可能です。

Recommend

❶約25分の急速充電で何度でも飛ばせる

❷個性際立つ3種のカラーバリエーション

❸陸上機、水上機などのシリーズラインナップも

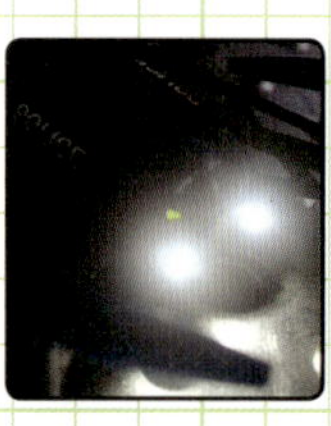

明るさ調整が可能な2つの高出力LEDライトが特徴。点滅させてシグナルを送ることもできます。

DATA

■価格：19,224円（税込）■サイズ：幅150㎜×奥行き150㎜×高さ78㎜ 重量54g（ハル非装着時）■カメラ：30万画素／480×640pixel（静止画のみ）■飛行時間：約7～9分■バッテリー：3.7V 550mAh Li-Po■電波到達距離：約20m■カラー：SWAT、Mac Lane、Blaze■問い合わせ先：Parrot■URL：http://www.parrot.com/jp/products/airborne-night-drone/

ハピネット

ローリングファントムNEXT

ハピネット ローリングファントム ネクスト

GPS FPV

床、天井、壁を縦横無尽に駆ける個性派ホビー機

重なり合った2枚のローターを持つヘリコプター型ドローン。最大の特徴である回転型フレームにより、床や壁を走ったり壁を登るなど遊び要素満点なフライトが可能です。また、弾力性に優れた素材でできたフレームには、機体が家具などにぶつかったときの破損を防止する役割もあります。

Recommend

❶ローラーフレームで自由自在なフライトが可能に

❷急な上昇下降を抑えたトレーニングモード搭載

❸落下後も本体は上向きになってすぐ飛べる

DATA

■価格：6,480円■サイズ：幅200㎜×奥行き175㎜×高さ175㎜ 重量40g■飛行時間：4〜5分■バッテリー：単三アルカリ乾電池6本（別売）■電波到達距離：約2.5〜3m■カラー：スカイブルー、バーニングレッド■問い合わせ先：ハピネット■URL：http://www.happinettoys.com/contents/airhog/rolling_phantom_next/

DJI

Phantom 3 Advanced

ディージェイアイ(セキド) ファントム3アドバンスド

フライトも空撮も全てが快適な“スマートドローン”

Phantomシリーズ最新作は、先端の機体制御システムでホビーの域を完全に超えたフライトが可能に。超音波と映像データで機体を制御する「ビジョンポジショニング機能」や、GPS+GLONASS(ロシアの測位システム)による高精度な機体測位システムなど、安定飛行をサポートする機能が充実しています。また、有効画素数1200万画素、FHD動画撮影可能(Professionalは4K動画)という、空撮愛好家をうならせるハイスペックカメラも注目点。

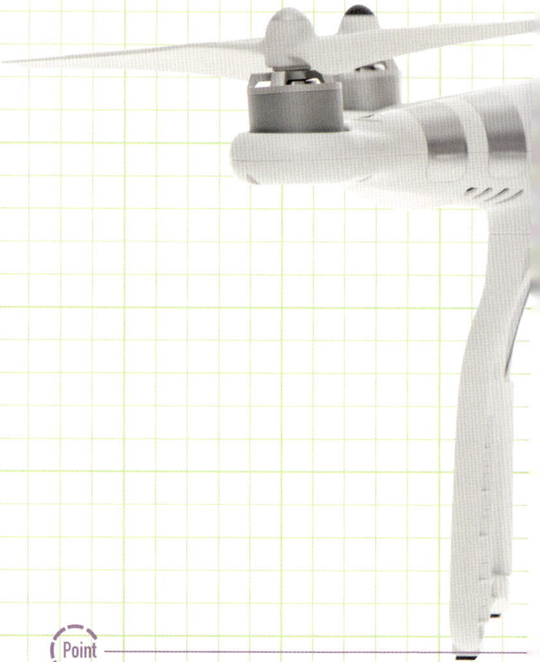

Point 先行機より飛行性能を25%アップ

モーターの性能を引き出す部品であるESCやバッテリーを高品質なものにすることで、俊敏でレスポンスのいい操作と、長時間フライトが可能に。

Point

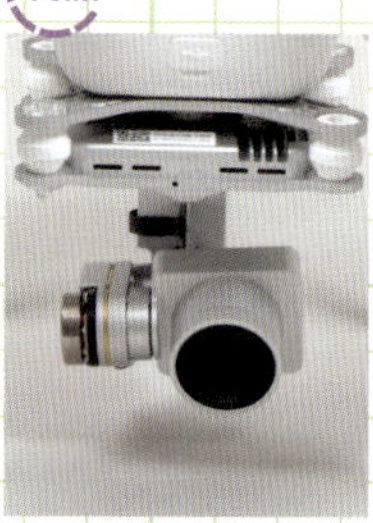

ブレない傾かない3軸ジンバル

機体とカメラを接続するのは高性能の3軸ジンバル。空撮中に風などで機体が揺れても、撮影動画ではほとんどブレや傾きを感じさせない美しい仕上がりに。

Recommend

❶3軸ジンバル+高性能カメラでプロクオリティの空撮ができる

❷アプリを使って感覚的にカメラ制御、フライト設定が可能

❸最大操作範囲2㎞、約23分の長時間フライトで空撮の可能性が広がる

Point シミュレーターでフライト前の練習ができる

専用アプリには機体操作や動画編集といった機能のほかに、「フライトシミュレーター」機能も搭載。屋外で飛ばす前に練習することで、事故の軽減につながりそうです。

DATA

■価格：129,444円■サイズ：幅590㎜×奥行き590㎜×高さ185㎜ 重量1280g■カメラ：1240万画素／1920×1080pixel（静止画4000×3000pixel）■飛行時間：約23分■バッテリー：15.2V 4480mAh Li-Po■電波到達距離：約2000m■問い合わせ先：セキド■URL：http://www.sekido-rc.com/?pid=88705099

中級機

Nine Eagles

GALAXY VISITOR 7

ナインイーグルス（ハイテック マルチプレックス ジャパン）ギャラクシービジター7

GPS

FPV

VISITORシリーズ初の FHDカメラ搭載機

GALAXY VISITORシリーズ最新作である本機は、FHD動画が撮影可能となりました。全長24㎝の機体は初級～中級者にも扱いやすく、手軽に空撮のクオリティを上げたいユーザーにとっては待望の一機に。FPV時の動画クオリティも上がり、迫力と臨場感がアップ。フライトがよりエキサイティングに！ 将来的にはアプリをアップデートすることによって、スマホによる操縦もできるようになるなど、さらなる機能向上の可能性も。

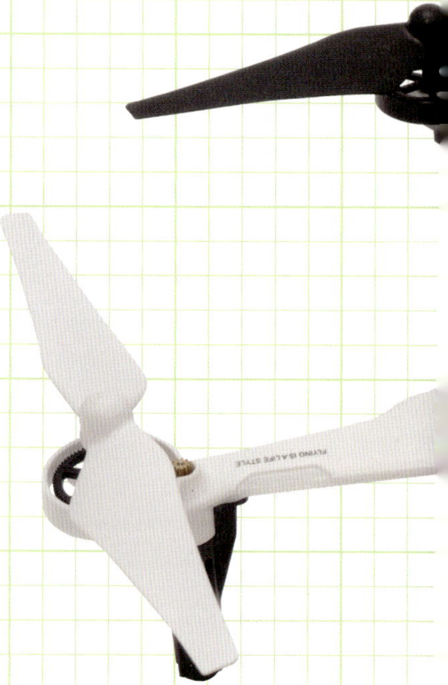

Point 室内練習もしやすい サイズ感がGOOD

高品質な空撮が可能なモデルながら、室内練習にも向いた小振りなサイズ。操作に習熟してから空撮に臨むことができます。

Point

カメラデザインも バージョンアップ

カメラ部分が近未来的な球形デザインに。洗練されたモノトーンのカラーリングとシャープなフォルムも◎。

Recommend

❶200万画素、FHD対応の高性能カメラ搭載

❷シリーズ最高の美しさを誇るFPV機能

❸アプリを使って、動画データをスマホに簡単転送

Point シリコンラバー採用の安心設計

ローター下の着陸用アーム先端には、衝撃吸収用のシリコンラバーを装着。着陸時の衝撃を吸収してくれます。

DATA

■価格：未定■サイズ：幅241㎜×奥行き241㎜×高さ72㎜ 重量130g■カメラ：200万画素／1920×1080pixel■飛行時間：約10分■バッテリー：3.7V 700mAh Li-Po■電波到達距離：約120m■問い合わせ先：ハイテック マルチプレックス ジャパン■URL：http://www.hitecrcd.co.jp/

Parrot

Bebop Drone

パロット ビーバップ ドローン

GPS FPV

1400万画素の魚眼レンズを装備した「空飛ぶカメラ」

ボディの正面に取りつけられたカメラは、1400万画素FHD対応という高性能と最新の画像安定技術を備え、驚くほど安定したブレのない映像が撮影できます。機体操縦にも高度な技術を採用しており、アプリでルートを設定すればGPSを使って自律飛行ができる「フライトプラン（公開予定）」など、便利な機能が満載！

Recommend

❶スマホアプリを使った直感型操作

❷GPSを使った自動帰還機能を搭載

❸最新技術で揺れない・ブレない安定空撮

別売の送信機「Skycontroller」（税込76,572円）を使えば、最大通信範囲が2kmに広がります。

DATA

■価格：76,572円（税込）■サイズ：幅280mm×奥行き320mm×高さ36mm 重量400g（ハル非装着時）■カメラ：1400万画素／1920×1080pixel（静止画4096x3072pixel）■飛行時間：約11分■バッテリー：4.7V 1200mAh Li-Po■電波到達距離：約250m■カラー／レッド、ブルー、イエロー■問い合わせ先：Parrot■URL：http://www.parrot.com/products/bebop-drone/

Parrot

AR.Drone 2.0 Elite Edition

パロット エイアールドローン2.0 エリートエディション

GPS FPV

Wi-Fi経由で直感操作 空撮もアクロバット飛行も◎

9軸センサーに加え、気圧計、超音波高度センサーを搭載することで、地表の凹凸が不均一なアウトドアシーンでホバリングさせられるほどの安定した飛行性能を実現。また、専用アプリから「AR.Droneアカデミー」というコミュニティに登録すれば、フライトデータを共有するなどして、世界中のユーザー同士での交流を楽しむこともできます。

Recommend

- ❶先端デザインのローターガードで安全飛行
- ❷空撮映像をスマホに直接録画できる
- ❸Wi-Fi経由のコミュニティでフライトデータを共有

Point 男心に響くクールなカモフラ系カラー

カーキとブラックの「ジャングル」、ベージュとブラックの「サンド」、ホワイトとブラックの「スノー」の3色をラインナップ。

DATA

■価格：42,984円（税込）■サイズ：幅520mm×奥行き515mm×高さ115mm 重量455g(屋内ハル使用時)■カメラ：92万画素／1280×720pixel■飛行時間：約12分■バッテリー：11.1V 1000mAh Li-Po■電波到達距離：約50m■カラー／スノー、ジャングル、サンド■問い合わせ先：Parrot■URL：http://ardrone2.parrot.com/

中級機

Lily Robotics
Lily Camera
リリー・ロボティクス　リリー・カメラ

宙に投げるとついてくる セルフィー用空撮ドローン

送信機を使って操作するのではなく、トラッキングデバイスを持ったユーザーを自動追尾飛行して、動画や静止画を撮影する自撮り専用ドローン。高度や被写体からの距離、撮影アングルなどはアプリから設定できます。完全防水なので水面から離陸させたり、着水させたりと、今までは難しかった撮影も可能に！

Recommend

❶自動追尾・自動撮影機能装備

❷完全防水で水面からの離陸・着水も可能

❸最高速度40㎞のパワフルな運動能力

笑った目のように見える部分はステータスを表示するLEDライト、口に見える部分がカメラになっています。

DATA

■価格：162,000円（税込）■サイズ：幅261㎜×奥行き261㎜×高さ81.8㎜ 重量1300g■カメラ：1200万画素／1920×1080pixel（静止画4000×3000pixel）■飛行時間：約20分■リチウムイオン充電池■電波到達距離：約30m■問い合わせ先：ドゥモア■URL：http://domore.shop-pro.jp/

Quest

Auto Pathfinder CX-20

クエスト オートパスファインダー CX-20

GPS FPV

スロットル操作にこだわりたい経験者向けの中級機

受信機の機種を自分で選んだり、PCを使ってセッティングを行ったりと、一歩踏み込んだRC操作に挑戦したい人におすすめの機種。ジャイロで姿勢制御のみを行う「Attitude」モードでは、純粋な「飛ばす楽しみ」を味わえます。もちろん、GPS制御による優れた操作補助モードも備わっています。

Recommend

1. 国産送信機を使った本格スロットル操作が楽しい
2. 便利なリターントゥーホーム機能も装備
3. 充実のアフターサービスは国内メーカーならでは

送／受信機つきセットを購入すれば、機体と送信機のセッティングが済んだ状態で送られてきます。

DATA

■価格：41,000円～（送／受信機レス）■サイズ：幅300㎜×奥行き300㎜×高さ200㎜ 重量825g■飛行時間：約10分■バッテリー：3.7V 2700mAh Li-Po■電波到達距離：約1000m（送／受信機による）■問い合わせ先：クエストコーポレーション■URL：http://quest-co.jp/rc/multi.html

上級機

DJI

INSPIRE 1

ディージェイアイ(セキド) インスパイア1

GPS FPV

フライトも空撮も プロスペックの上級機

4Kビデオ対応・1200万画素という高性能カメラ、全くブレを感じさせない3軸ジンバルがプロクオリティの美しい空撮動画を実現。必要なものがすべて揃ったRTF(Ready to Fly)パッケージなので、買ったその日からフライトを楽しむことができます。また、モノトーンで統一されたスタイリッシュなデザインの機体には、GPSや超音波センサーといったさまざまな制御システムが搭載されているので、インドアでもアウトドアでも抜群の安定感を発揮してくれます。

Point 飛ばしやすいが注意も必要

充実した操作補助システムによる扱いやすさが魅力的な本機ですが、3kg近い重量があるので、フライトの際には周囲の環境に十分な注意が必要です。

Point 撮影アングルは自由自在!

付属のジンバルは水平方向への360度回転が可能なうえ、動作もなめらか。離陸時にカーボンアームが上へ持ち上げられるため、アームやローターが撮影動画に写り込む心配もありません。

Recommend

❶4K／1200万画素カメラと3軸ジンバルがプロクオリティの空撮を可能に

❷空撮を補助してくれるさまざまなフライトモードを完備

❸オートで離着陸が可能

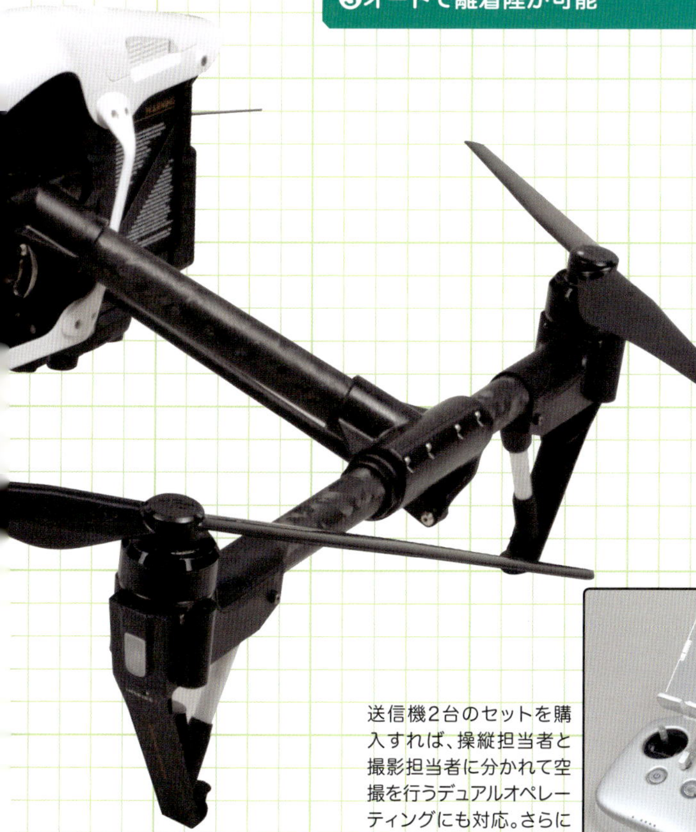

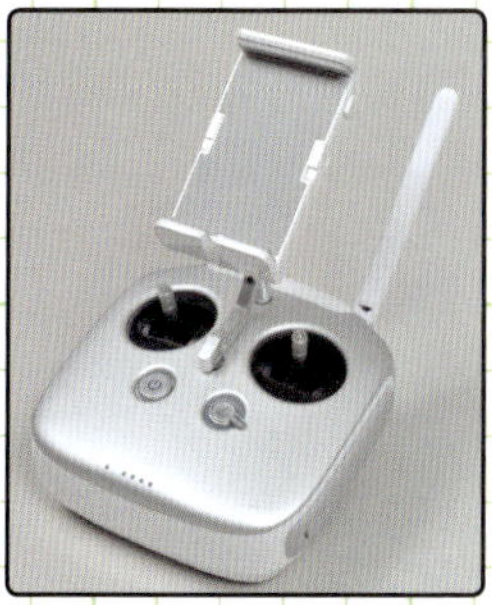

送信機2台のセットを購入すれば、操縦担当者と撮影担当者に分かれて空撮を行うデュアルオペレーティングにも対応。さらにハイクオリティな撮影が可能になります。

DATA

■価格：383,400円（2パイロット用448,200円）■サイズ：幅438㎜×奥行き451㎜×高さ301㎜ 重量2935g■カメラ：1200万画素／4096×2160pixel（静止画4000×3000pixel）■飛行時間：約18分■バッテリー：22.8V 5700mAh Li-Po■電波到達距離：約2000m■問い合わせ先：セキド■URL：http://www.sekido-rc.com/?pid=83438061

ALIGN

M690L

アライン(ヒロテック)M690L

プロ級の空撮が可能なヘキサコプター

RCヘリメーカーとして有名なアライン社製のマルチコプター。シリーズ最上級モデルである本機は6基のローターを搭載することで、2kg近いペイロード(積載量)を担保。プロの現場でも活躍しています。このシリーズの機体(M690L、M480L、M470)は使用者に一定の技能を要求するので、販売元のヒロテックによる安全講習会やレクチャーイベントへの参加が購入条件。正しい知識と技能を身につけてこそ魅力が満喫できる機体です。

Point

プロ用カメラ対応のジンバルが取りつけられる

およそ2kgの機材が搭載できるので、プロ仕様のジンバルとカメラが装備可能。積載量に余裕がある分、搭載できる機材の自由度も高く、カメラに凝る楽しみも見いだせそうです。

Recommend

❶アライン社マルチコプター最大のペイロードを誇る

❷軽量かつ収納性に優れ、持ち運びに便利

❸ジンバルと一眼レフカメラを搭載しても約8分の飛行が可能

Point ランディングギアは跳ね上げ収納式

空撮時にカメラの視界を遮る可能性のあるランディングギアは、フライト時に跳ね上げて収納できます。実用性に加え、トランスフォーム時のビジュアルもクール！

DATA

■価格：226,000円（税込）■サイズ：幅900mm×奥行き900mm×高さ446mm 重量3400g（本体のみ）■飛行時間：約12分（ジンバル・カメラ搭載時約8分）■バッテリー：22.2V 5200mAh Li-Po■問い合わせ先：ヒロテック■URL：http://t-rex-jp.com/multi_coptor.html

ALIGN

M480L

アライン(ヒロテック)M480L

プロユースを前提とした高性能モデル

アライン社マルチコプターシリーズの中核機。高性能なフライトコントローラーを採用することで安定性を確保しながら、上級機であるM690Lより機動性に優れています。また、GPSなどを活用した数種類のフライトモードが用意されており、空撮時の補助も万全です。シンプルでメンテナンスがしやすい機体、持ち運びに適した折り畳み式設計、バッテリーなどの拡張性とどれをとってもプロユースに耐える高いクオリティを実現しています。

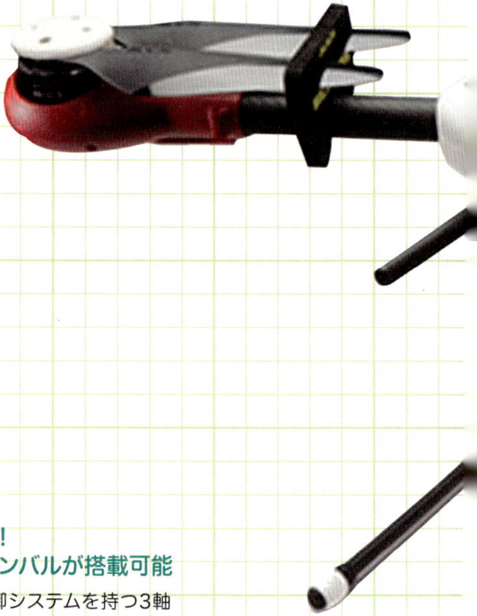

ブレない!高性能ジンバルが搭載可能

高度な制御システムを持つ3軸ブラシレスジンバルG3-GH(別売、税込182,000円)を搭載すれば、一眼レフカメラを使った空撮も可能に! プロクオリティのなめらかで美しい映像を撮影することができます。

Recommend

❶計算し尽くされた機体デザインが安定した空撮を実現

❷メンテナンス性に優れたシンプル構造

❸ジンバル使用時、一眼レフカメラ搭載可能

Point

静かでパワフルな ブラシレスモーターを使用

最新のブラシレスモーターは、ALIGN社の技術の粋を結集させてハイパワー、高効率、省エネルギーを実現。ジンバルと一眼レフカメラを搭載した状態でも約10分という長時間のフライトを可能にしました。

DATA

■価格：188,000円（税込）■サイズ：幅800mm×奥行き800mm×高さ430mm 重量2700g（本体のみ）■飛行時間：約10分■バッテリー：22.2V　5200mAh Li-Po■問い合わせ先：ヒロテック■URL：http://t-rex-jp.com/multi_coptor.html

ALIGN

M470

アライン（ヒロテック）M470

GPS
FPV

シリーズ最小サイズながらも安定した飛行能力を発揮

アームやランディングギアを短く設定したコンパクトサイズの機体ですが、パワーソースやコントロールユニットは上位モデルと同じものを搭載。また、GoPro専用のデジタルジンバルを標準装備しているので、同シリーズの他機体と比べて、リーズナブルに空撮を楽しめるコストパフォーマンスの高さも魅力です。

Recommend

❶同シリーズ大型機と同じPCUを搭載

❷モーターコントロールジンバルを標準装備

❸小型機ならではの機動性を活かした空撮が可能

小型ながらも本格的なモーターコントロール使用のGoPro専用ジンバルG2（付属）。安定した動画撮影が可能。※カメラは別売です。

DATA

■価格：146,000円（税込）■サイズ：幅710mm×奥行き710mm×高さ266mm 重量2500g（本体のみ）■飛行時間：約10分■バッテリー：22.2V 5200mAh Li-Po■問い合わせ先：ヒロテック■URL：http://t-rex-jp.com/multi_coptor.html

JR PROPO

NINJA 400MR

ジェイアールプロポ(日本遠隔制御)ニンジャ400MR

GPS FPV

フライトの楽しみを追求した技巧派マルチコプター

フライト時の安定性や、空撮性能に注目されがちなマルチコプター界で、アクロバティックな3Dフライトを楽しむことに特化した個性派。スティック操作で、モーターの正回転と逆回転をすばやく切り替えられるシステムを搭載することで、背面フライト、フリップといった俊敏な動きが可能に。6軸センサーで安定したフライトが確保されているのもうれしいポイント。

Recommend

❶トリッキーな3Dフライトを可能にする優れた運動性

❷操縦スキルアップにもぴったりの機体

❸クリヤボディパーツを塗装すればオリジナルペイントが楽しめる

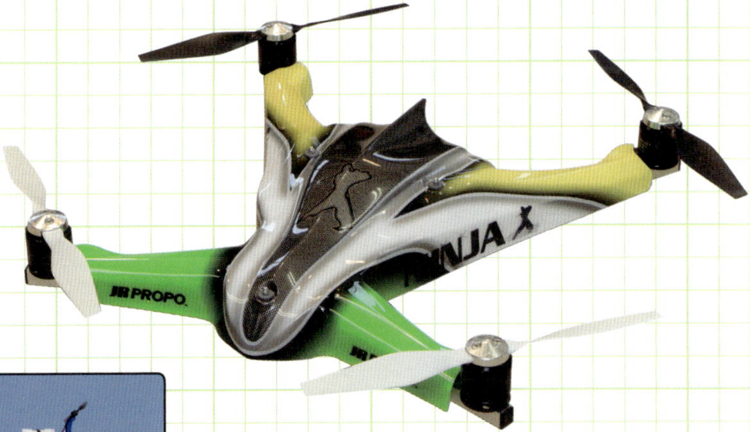

空中を自在に飛び回る姿はまさに「忍者」。純国産ドローンならではの精緻な操作性が楽しめます。

DATA

■価格:52,800円~■サイズ:幅400㎜×奥行き400㎜(モーター軸間)×高さ70㎜ 全備重量880g■飛行時間:3~5分■バッテリー:11.1V 2,200mAh(推奨)Li-Po■電波到達距離:800~1000m■カラー:レッド&ブルー、グリーン&イエロー■問い合わせ先:日本遠隔制御 ヘリコプター事業部■URL:https://www.jrpropo.co.jp/jpn/heli/ninja/

column

どこまで飛ばせる!?

フライト性能比較表

機種によってそれぞれ違うフライト性能。初級機、中級機、上級機、
それぞれの主な機種のフライト性能を比べてみました。

初級機	飛行時間	電波到達距離
GALAXY VISITOR 8 ギャラクシー ビジター 8	10 min	100m
クアトロックス ULTRA クアトロックス ウルトラ	8 min	25~30m
RC EYE One Xtreme アールシー アイ ワン エクストリーム	5~7 min	120m
Soliste HD ソリスト HD	7~8 min	200m
Alien X-6 エイリアン X-6	6~8 min	70m
Airborne Night エアボーン ナイト	7~9 min	20m

中級機

中級機	飛行時間	電波到達距離
Phantom 3 ADVANCED ファントム3 アドバンスド	23 min	2000m
GALAXY VISITOR 7 ギャラクシービジター7	10 min	120m
Bebop Drone ビーバップ ドローン	11 min	250m
AR.Drone 2.0 Elite Edition エイアールドローン2.0 エリートエディション	12 min	50m
Auto Pathfinder CX-20 オートパスファインダー CX-20	15 min	1000m

上級機

上級機	飛行時間	電波到達距離
INSPIRE 1 インスパイア1	18 min	2000m
NINJA 400MR ニンジャ400MR	3~5 min	800~1000m

ACTION CAMERA

もっとエキサイティングな空撮のために

アクションカメラカタログ

手持ちの機体が搭載するカメラを自由に変えられるものなら、
カメラにこだわることで空撮がもっと楽しくなります。
カメラを選ぶ上で留意したいのが、機体のペイロード（積載量）です。
ペイロードは機体によって、約100g～10kgとさまざまなので、
持っている機体のペイロードを把握した上で、カメラやジンバルを
選びましょう。ミラーレスやデジタル一眼など、重量のあるカメラを
搭載する場合には、中～大型の上級機が必要です。
どのレベルの空撮がしたいのか、目的がはっきりしていると
機体、カメラ、ジンバルなどが選びやすくなります。

機体にカメラを搭載するにはジンバルが必要です。ジンバルとは電子制御でカメラの向きを常に水平に保ち、空撮時のブレを軽減する働きをする機材のこと。スタビライザーとも呼びます。製品によって2軸、3軸とジンバル軸の数に違いがあり、一般には軸数が多いほどブレの少ない安定した動画になります。

4K ＝4K対応　FHD ＝FHD対応　＝防滴対応　＝手ブレ補正

GoPro | HERO4 Black Adventure

ゴープロ ヒーロー4 ブラック アドベンチャー

4K／30fpsでダイナミックな映像

アクションカメラブランドの代表格・GoProの最上位モデルは、最大有効画素数1200万画素、4K／30fps、FHD／120fpsというハイスペックで、隅々までシャープで臨場感溢れる美しい空撮が可能に！

Recommend

❶無料アプリやスマートリモート（別売）で各種設定が簡単に

❷防水・防塵・耐衝撃ケースを標準装備

DATA

■価格：64,000円■有効画素数：1200万画素■最高撮影解像度：3840×2160pixel■動画フォーマット：MP4■フレームレート：30fps（4K時）120fps（FHD時）等■記録メディア：microSD、microSDXC■重量：88g■問い合わせ先：タジマモーターコーポレーション■URL：http://www.tajima-motor.com/gopro/

SONY | Action Cam FDR-X1000V

ソニー アクションカム FDR1000V

高性能・高画質とタフボディを両立

4Kモードの美しさ、FHDモードのブレ補正力に定評のある高性能アクションカメラ。手元で操作・画像確認ができるライブビューリモコンなど付属アクセサリも充実。

Recommend

❶スマホアプリ「PlayMemoriesMobile」でコントロールから編集、SNS投稿まで対応

❷高度な手ブレ補正機能でなめらかな映像に

DATA

■価格：オープン■有効画素数：約880万画素■最高撮影解像度：3840×2160pixel■動画フォーマット：MP4、XAVC S■フレームレート：24～240fps■記録メディア：microSDXC、microSD、メモリースティックマイクロ等■重量：約89g（本体のみ）■手振れ補正：有（HDモード時）■問い合わせ先：SONY■URL：http://www.sony.jp/actioncam/

Contour | ROAM3

コンツアー ローム3

4K FHD

FHD対応の防水スタイリッシュモデル

アルミ製のスマートなボディはハードな使用状況に耐える頑丈さが自慢。270度回転するレンズを使いこなすことで、どんなシチュエーションでも理想の画作りが極められます。

Recommend

❶270度回転するレンズで理想の画作りを

❷専用アプリでスマートに動画を編集・管理

DATA

■価格:オープン■有効画素数:500万画素■最高撮影解像度:1920×1080pixel■動画フォーマット:MP4■フレームレート:30～120fps■記録メディア:microSD(SDHCコンパチブル)■重量:145g■問い合わせ先:株式会社美貴本■URL:http://www.contour.jp/

ELMO | QBiC MS-1

エルモ キュービック MS1

4K FHD

最大185度の超広角レンズが美しい

超広角レンズでダイナミックな空撮ができるうえ、専用アプリで露出やホワイトバランスなどを調整することも。93gという軽量ボディは搭載する機体を選びません。

Recommend

❶Wi-Fi接続でスマホ・PCに簡単データ保存

❷約5cm四方のコンパクトボディながらFHD動画が撮れる

DATA

■価格:オープン■有効画素数:約500万画素■最高撮影解像度:1920×1080pixel■動画フォーマット:MP4■フレームレート:30～240fps■記録メディア:microSD、microSDHC、microSDXC■重量:93g■問い合わせ先:ELMO■URL:http://www.elmoqbic.com/

RICOH | WG-M1

リコー WG-M1

4K FHD

ケースいらずのタフさとシンプル操作

大型ボタン採用による、初心者にも扱いやすいシンプルな操作方法が特徴。写真・映像製品の世界的な賞であるTIPAアワードでベストActionCam賞を受賞した名機です。

Recommend

❶約1400万画素の高画質モデル

❷スマホとのWi-Fi接続で撮影・再生・編集が手軽にできる

DATA

■価格：オープン■有効画素数：約1400万画素■最高撮影解像度：1920×1080pixel■動画フォーマット：MOV/H.264■フレームレート：30～120fps■記録メディア：内蔵メモリ、microSD、microSDHC■重量：約190g■問い合わせ先：リコーイメージング株式会社■URL：http://www.ricoh-imaging.co.jp/japan/products/wg-m1/

Kodak PIXPRO | SP360

コダック ピックスプロ SP360

4K FHD

360度×214度で驚きの映像体験を

超広角レンズ使用で、まるで空を飛んでいるかのような迫力満点の空撮が可能です。NFC搭載のスマートフォンがあれば、ワンタッチで接続できる便利さも高ポイント！

Recommend

❶空から全てを見渡すような360度全天映像が撮れる

❷低速度・高速度撮影など充実の撮影機能

DATA

■価格：オープン■有効画素数：1636万画素■最高撮影解像度：1920×1080pixel：30～120fps（フロントモード）■動画フォーマット：MP4■記録メディア：microSD、microSDHC■重量：約103g（本体のみ）■問い合わせ先：マスプロ電工■URL：http://www.maspro.co.jp/products/pixpro/

手のひらサイズのかわいいヤツ

ミニミニドローン

**コンパクトサイズで、いつでもどこでも飛ばせるミニミニドローン。
室内での練習はもちろん、屋外でのフライトも楽しめる
かわいいドローンと遊んでみませんか？**

クアトロックス Wiz　KYOSHO EGG

初めての
ドローン撮影を体感！

30万画素、468×240pixelのカメラを搭載した、最も手軽に空撮に挑戦できる機種のひとつです。6軸センサーと簡易電子コンパスを内蔵しているので、思い通りに安定した飛行・空撮が可能！ ドローンの機能を一通り体験するなら、まずこの機体がおすすめ。

DATA

■価格：9,800円■サイズ：幅125㎜×奥行き125㎜×高さ40㎜ 重量40g■カメラ：30万画素／468×240pixel■飛行時間：約6分■バッテリー：3.7V 350mAh Li-Po■電波到達距離：約25～30m■カラー：RED、WHITE■問い合わせ先：京商■URL：http://kyoshoegg.jp/toy_rc-drone.html

クアトロックス KYOSHO EGG

6.6cm

フライトの楽しみを追求 技巧派マルチコプター

ボタンひとつで高速フリップをきめるなど、小さなボディに高度な運動能力を秘めた本機。6軸センサー搭載、選べるスピードモード、ローターガード付属など、初心者が安心して室内練習するための機能や装備が充実しています。

DATA

■価格：5,980円■サイズ：幅66㎜×奥行き72㎜×高さ24㎜ 重量10.5g■飛行時間：約5分■動力：内蔵バッテリー■電波到達距離：約10〜15m■カラー：RED、BLACK、SILVER■問い合わせ先：京商■URL：http://kyoshoegg.jp/toy_rc-drone.html

Hubsan X4 HD G-FORCE

8.3cm

200万画素のHDカメラで 大満足の空撮機能

200万画素HDカメラを搭載し、ミニドローンとは思えないハイクオリティな空撮を可能にしたエントリーモデル。機体制御には高性能な6軸センサーを使用しているので、快適な操作性が期待できます。

DATA

■価格：11,500円■サイズ：幅83㎜×奥行き84㎜×高さ33㎜（ローター除く） 重量51g■カメラ：200万画素／1280×720pixel■飛行時間：約6分■バッテリー：3.7V 380mAh Li-Po■電波到達距離：約100m■カラー：ブラックレッド、ブラックグリーン、ワインレッド■問い合わせ先：G-FORCE■URL：http://www.gforce-hobby.jp/products/H107C.html

スパイダーⅡ 童友社

レベルに合わせて選べるスピードモード

童友社の人気機種「スパイダー」の後継機。定評のある安定性はそのままに、2段階スピードセレクト、高速空中回転といったギミック要素が強化されました。また、ローターガードも新しく付属。室内フライトがより安全に。

DATA

■価格：6,800円■サイズ：幅133㎜×奥行き133㎜×高さ31㎜ 重量36.4g■飛行時間：約6分■バッテリー：3.7V 250mAh Li-Po■電波到達距離：約30m■カラー：黒、白（モード1）青、赤（モード2）■問い合わせ先：童友社■URL：http://www.doyusha-model.com/list/radiocontrol/spider2_rc.html

Q4i ACTIVE WEEKENDER（ハイテック マルチプレックス ジャパン）

組み換え変更で壁を走る！新しい操作感覚が魅力

パーツつけ替えでノーマル、セーフティ、トラベリング、ビッグホイールにモードチェンジ！中でも車輪を取りつけるトラベリング、ビッグホイールモードでの、壁を登ったり、フワフワと不思議な感覚の走行が楽しい！

DATA

■価格：14,200円■サイズ：幅90㎜×奥行き90㎜×高さ35㎜（ノーマルモード） 重量64g■カメラ：100万画素／1280×720pixel■飛行時間：約5〜7分■バッテリー：3.7V 450mAh Li-Po■電波到達距離：約120m■問い合わせ先：ハイテック マルチプレックス ジャパン■URL：http://www.hitecrcd.co.jp/products/weekender/q4i_active/

PXY G-FORCE

全長42㎜の超小型機でも6軸センサーで安定飛行

キュートなルックスに反して性能は本格派。小さなボディを生かして、室内を縦横無尽に飛び回り、送信機には初心者にやさしい感度調整変更機能も搭載しています。また、レバー操作でフリップを見せてくれる芸達者な一面も。

DATA

■価格：4,900円■サイズ：幅42㎜×奥行き42㎜×高さ20㎜（ローター除く） 重量12.1g■飛行時間：約5分■バッテリー：3.7V 100mAh Li-Po■電波到達距離：約30m■カラー：ブラック、ピンク（モード1）オレンジ、ブルー（モード2）■問い合わせ先：G-FORCE■URL：http://www.gforce-hobby.jp/products/GB201.html

Rexi G-FORCE

インドアフライトに適した耐衝撃性と静音性

スリムでスタイリッシュな機体には柔軟性に優れた素材を使用しており、優れた耐衝撃性を確保。高度な力学計算を使って成形した高効率ローターを採用することで、安全かつ静かに室内でのフライトを楽しめます。

DATA

■価格：5,500円■サイズ：幅143㎜×奥行き143㎜×高さ40㎜ 重量16.2g■飛行時間：5〜6分■バッテリー：3.7V 150mAh Li-Po■電波到達距離：約50m■カラー：シルバー、ブルー、オレンジ■問い合わせ先：G-FORCE■URL：http://www.gforce-hobby.jp/products/GB251.html

飛ばす楽しみを極めるなら

送信機を変えてみよう

ドローンの中には送信機(プロポ)を市販製品に
グレードアップして楽しめるものもあります。
精緻な操縦感やカスタムアレンジの楽しさに夢中になってしまうはず!

送信機を変えるとここが変わる!

操作性の向上

スティック操作に対する感度が非常に高く、繊細な操作性を実現。手にフィットするサイズ感や心地よい重みもメカ好きにはたまらない!

詳細設定が可能に

各スイッチへの動作割り当てや、スティック操作に対する動作量の設定などができます。自分に合った設定をすれば上達度もアップ!

What's プロポ?

RC界でいうプロポ(プロポーショナル・システム)とは送信機の通称で、機体付属の安価なものから、20万円を超す高価なものまでさまざま。その違いは、動作を割り当てられるチャンネル数、通信方法、操作設定機能などにあります。プロポを変える際には、まず手持ちの機体が別売の送信機に対応しているかどうかの確認が必要です。そして、機種選びの手がかりになるのが「チャンネル数」。ジンバル制御や高度なフライト設定をする場合は、チャンネル数が多いものがおすすめです。

送信機カタログ 初～中級者向けの代表的な送信機を紹介します。

FLASH8 ハイテック マルチプレックス ジャパン

機体の能力を最大限に引き出す高性能モデル

4096ステップという業界最高クラスの分解能で、繊細なスティックワークを実現。豊富な設定機能と直感的な操作方法が幅広いユーザーから支持されています。

DATA

■価格：40,000円～■チャンネル数：8ch■メモリー数：30モデル■問い合わせ先：ハイテック マルチプレックス ジャパン■URL：http://www.hitecrcd.co.jp/

XG14 日本遠隔制御

実績ある人気プロポの後継機

先進機能を搭載し、シリーズ最高峰との呼び声も高いXG11のプログラムを後継。14もの豊富なチャンネル数がカスタム設定の可能性を広げてくれます。

DATA

■価格：49,000円～■チャンネル数：14ch（12+2ch）■メモリー数：30モデル■問い合わせ先：日本遠隔制御■URL：https://www.jrpropo.co.jp/jpn/

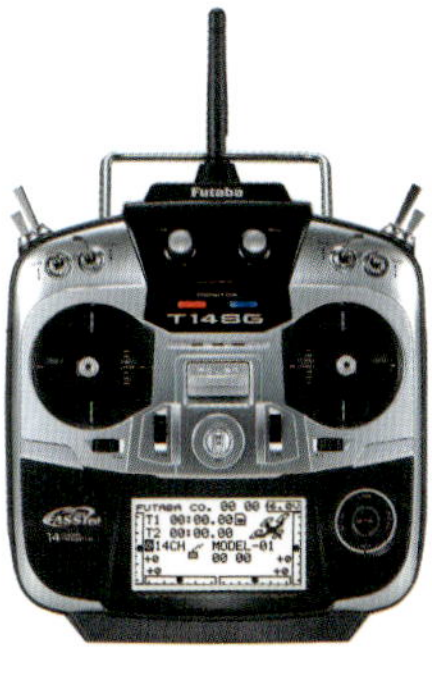

14SG 双葉電子工業

ドローン操作専用モードを搭載

日本を代表する無線操縦機器メーカー双葉電子工業のドローン対応モデル。機体はもちろん、カメラジンバルの操作設定もできるので、空撮のクオリティも上がります。

DATA

■価格：65,000円～■チャンネル数：14ch■メモリー数：30モデル■問い合わせ先：双葉電子工業■URL：http://www.rc.futaba.co.jp/

人気のドローンFPVレース

ドローンインパクトチャレンジがやってくる！

**ドローン人気の高まりに伴って関連イベントも増加中！
そのひとつ、2015年秋に行われる自作ドローンによるFPVレース
「ドローンインパクトチャレンジ」のテストレースが行われました。**

DRONE
IMPACT CHALLENGE

海外ではドローン搭載のカメラを通してダイナミックなフライト映像が楽しめるFPVレースが人気です。日本でも本格FPVレース「ドローンインパクトチャレンジ（以下、DIC）」開催に向けた、テストフライトが2015年7月26日に千葉県香取市のアウトドア施設『THE FARM』で行われました。本番を前に、今回の目的はフライトコースの検討と、プロモーション映像の撮影。開催に向けて力を合わせる約15名の参加者が集まりました。

DICテストフライト&PV撮影@THE FARM

9:00

参加者集合

会場に到着したら、まずテントや無線機材などの設営を行います。炎天下での開催なので、日よけのタープと冷たい飲み物は必須です！

10:00

テストフライト開始

想定コースを回るテストフライトがスタート。小気味のいいローター音を響かせながら、ドローンが俊敏に飛び回る様子が爽快！

13:00

プロモーション映像撮影

4機のドローンを飛ばして映像撮影。ディレクターの要求にばっちり応えて、パイロットの技量を見せつけます。

大会情報

開催予定日時／2015年11月7日(土)
10:00〜17:00
場所／THE FARM
(千葉県香取市西田部1309-29)
主催／ドローンインパクト
チャレンジ実行委員会
(http://dichallenge.org/)

DIC実行委員会では、合法的かつ公平なレースにするためのレギュレーション作りに注力しており、何度もテストフライトを行っています。想定コースは、平地をダイナミックに飛行するオープンコースと、木々の間を縫って飛ぶ林間コース。テストフライト中のドローンのモニターを見せてもらうと、そこにはSF映画のようなスピード感溢れる映像が映し出されており、思わず興奮！

プロモーション映像撮影時にも、熟練のパイロットが迫力満点のフライトを披露するなど、見どころたっぷりの贅沢な一日でした。

主催者と参加者が一体となって作り上げるこのイベント。日本のドローンFPVレースカルチャーの最前線を走る、画期的な試みとなりそうです！

15:00

林間コース撮影

平地より難易度の高い林間コースでの撮影。回数を重ねるごとに、フライトがスムーズになり、迫力を増していきました！

クラッシュもご愛敬！

16:00

本番へと参加者も準備万端

テストフライトと撮影を終えたら、各自フリーフライトで腕を磨きます。パイロット同士、使用機材の情報交換をする場面も。

ドローンの未来

現在、主にホビーや空撮機材として人気のドローンですが、実は幅広い産業分野で活躍する可能性を秘めています。ドローンの利活用を推進する一般社団法人日本UAS産業振興協議会（JUIDA）事務局長・熊田知之さんに、ドローンの未来についてお話を伺いました。

産業分野の注目株

「2015年は『ドローン元年』と呼ばれ、RCホビーや空撮機材としてのドローンに急速に注目が集まった年です」と、熊田さんは現状を説明してくれます。

「そんな中で、ドローンを健全に発展させていくため、2014年7月にJUIDA（Japan UAS Industrial Development Association）が発足しました。PhantomやARドローンといったエポックとなる機体の登場や、墜落事故などのニュース報道で一般の認知度が上がったドローンですが、この先期待されているのは産業分野での活躍なのです」。

ドローンに関するシンポジウムや委員会の風景。参加者の数から、多くの人がドローンに対して関心を寄せていることがわかります。

ドローンに期待されること

具体的にどのような役割が期待されているのかというと、「空撮機能を活用したものだと『測量』『災害時の被害状況確認』『構造物点検』といった現場での、画期的な活躍です」。

すでにドローンが導入されているのが測量の現場。上空から写真を撮るだけで3次元地図の作成（ステレ

ドローン実用化ロードマップ

ホビー分野から始まり、いずれ物流産業を担うことを目指すドローン。JUIDAの目指す実用化に向けてのステップ

< STEP1 >	< STEP2 >	< STEP3 >	< STEP4 >
娯楽・空撮	**観測・監視**	**監視・管理**	**物流・運送**
Phantom、INSPIREなどのハイスペック機体から1万円を切るホビー機といった幅広い機体が、フライトや空撮を目的としたRC愛好家を中心に人気を集める。	空撮カメラや機体の性能向上により、野生動物の生態観察、発電所の監視といった、人の目が届きにくい場所での活用が期待される。	空撮以外の機能を搭載し、状況判断、対象の追尾などができるようになる。人間に代わって、徹夜での警備・監視業務を行う。	機体のバッテリー性能、積載可能量が大幅に向上。通販商品の輸送や緊急時の支援物資運搬といった、物流・運送分野での活躍が始まる。
~2014	2015-16	2017-18	2019~

オ撮影）や、土砂量の計算ができるなどの技術がドローンの利便性と結びつくことで、今まで1か月かかっていた作業期間が数日にまで短縮されたという実績があるそう。

「基本的には人間が立ち入りにくい3Kの分野での活用を想定しています。次にドローンの実用化が予定されるのは、監視、管理、物流といった分野です。ここでも『遺跡調査』や『災害で取り残された地域への緊急物資輸送』といった、人の手で行ったのでは労力がかかりすぎたり、危険が及ぶ可能性があったりする作業が多いですね」。

現場で働く人の安全を守るために実用化が望まれているのが、災害現場や老朽化した構造物（橋梁など）といった危険な場所での確認調査。ドローンを飛ばせば、通行止めをして特殊車両を出動させるといった手間もなく、迅速に確認作業が行えるというメリットも。

さらに未来に目を向けてみると、GoogleやFacebookといった海外の大企業がドローン開発に乗り出すきっかけとなった、通信分野への進出も挙げられます。ソーラーパネル搭載で7〜8年飛行可能なドローンを成層圏に浮遊させておいて、通信基地として利用するというGoogleの計画は、実現すれば、世界中のどんな場所でもインターネット通信が利用可能になるといいます。

「こういった多岐にわたる可能性から、ドローンの発展は『空の産業革命』といえるでしょう。それだけに、発展が遅れてしまうと日本の産業活性化も遅れてしまう恐れがあります。そうならないために、JUIDAでは民間、政府、研究機関が力を合わせてドローンの研究・開発・産業振興に努めています」。

ドローンとの安全な共存のために

健全なドローン産業発展のためには、現場での実用化の前にいくつかの課題をクリアする必要がある、と熊田さんはいいます。

「大原則は『安全を確保して、第三者の身体・生命・財産を毀損しない』こと。現状の法規制では、ドローンを飛ばす際には高度規制の他、その土地の所有者の許可（公道の場合は警察の許可）が必要になっており、自由に飛ばせる場所はほとんどありません。さらに、今国会で成立が見込まれている改正航空法では、昼間でないと飛ばしてはいけない、目視範囲内でしか飛ばしてはいけない、人口密集地では飛ばしてはいけないなどさまざまな規制が出てきます。そうなると業務での実用が難しくなってしまい、ドローン産業の発展を阻害する原因にもなりかねません」。

そのため、JUIDAではドローンの活躍の場が広がるようなガイドラインの作成、操縦者へのライセンス発行といった対策を考えています。

また、ドローン発展のために必要なのは、使用環境の法的な整備だけではありません。2015年5月には、つくば市にJUIDAの試験飛行場が開設されました。

「ここでは、開発機のテスト飛行や操縦者のトレーニングができます。優秀な機体の開発と、操縦者の育成が進むことで、ドローンを扱う現場が健全に発展していってくれるでしょう」。

新設された『物流飛行ロボットつくば研究所』の試験飛行場でテストフライトを行う様子。

キーワードは「人材育成」

健全なドローン産業発展のための大きな課題のひとつとされているのが、操縦者の育成だそう。

「GPSを使ったオートフライトシステムなどによって操縦が簡単になったとはいえ、何かあったときに対処するのは人間ですから、フライト技術に習熟した操縦者の存在は不可欠です。最近、取り沙汰されることの多い『野良ドローン』も、操縦者の技術が未熟なために起こっている問題です。コントロールから外れた機体が誰もいないところに落ちてくれればいいのですが、人や他人の所有物の上に落ちて危害を加えたりすれば事件になってしまいます。そういったトラブルを未然に防ぐためには、何か不具合が起きたときに、マニュアル操縦に切り替えたり、安全な場所に落としたりといった対処のできる、正確な技術と知識を持った操縦者を育てることが急務となっています」。

操縦者育成のための具体的な施策もすでに考えられています。それが業務でドローンを使う人に向けたJUIDA認定ライセンスの設定と、ライセンスを取得するための公認スクールの設立です。

「その認定ライセンスを持っていれば国や企業からの仕事を適切な価格で受けられる、というような制度を確立していくことで、ドローンを使う人と現場の安全を守っていく予定です。いずれ、『プロのドローンパイロット』という職業がステータスとして認識されるようになるのが理想ですね」。

今はまだ、一般的には未知の分野として扱われることも多いドローンですが、一過性のブームではなく文化のレベルまできちんと育てていくことができれば、わたしたちの未来に便利さと豊かさをもたらしてくれるはずです。

取材協力／一般社団法人
日本UAS産業振興協議会(JUIDA)

いろいろな「?」にまとめて回答します

ドローンQ&A

ドローンを遊ぶうえで出てくる素朴な「?」から、困ったときの対処法までQ&Aで紹介。日本のRC業界にホビーユースのドローンを広めたハイテック マルチプレックス ジャパンさんに教えてもらいました。

Q 普通に遊んでいたのに、急にまっすぐ飛ばなくなりました。故障ですか?

A 室内の風とモーターのゴミを確認してください。

室内の場合、まずエアコンや換気扇などの風を受けていないか確認してください。特に小型の機体は軽量のため、微弱な風でも想像以上に影響を受けます。屋外の場合も、操縦者と機体の高さでは風の強さが異なるので要注意。風の影響がない場合は、モーターにゴミが入っていたり、ローターに傷が入っている可能性も。モーターは使うほど劣化するので、故障の場合は交換が必要です。

Q 小さな機体と大きな機体どちらが操作しやすいですか?

A 大きなドローンのほうが安定します。

操作方法は変わりませんが、基本的には機体のサイズが大きい方が目視しやすく、モーターも大きくなるためパワーに余裕が生まれて操縦しやすくなります。小型の機体はパワーこそ劣りますが、自宅などわずかなスペースでも手軽にフライトが可能という利点もあります。飛行環境に合ったドローンを選びましょう。

Q 機体のメンテナンスはどれくらいの頻度で行うべきですか?

A 10フライトを目安にしてください。

中級者用ドローンまではあまり神経質になる必要はありませんが、10回程度フライトを楽しんだら、機体の掃除とネジのゆるみなどのチェックをおすすめします。特にモーター周りのゴミを除いておくと、不意のトラブルを未然に防ぐことができます。ただし墜落した場合は、次のフライト前に必ず確認してください。

Q ローターを交換したら飛べなくなりました…

A ローターの向きを確認してください。

ローターには回転方向の異なる2種類があります。交換の際は必ず向きを確認して、1つずつ取り外し、装着を行ってください。

Q バッテリーが少し膨らんでいるのですが

A すぐに使用を中止してください！

バッテリーの破損の兆候です。そのまま使い続けていると破裂する可能性があります。すぐに使用を中止して、リポバッテリーを廃棄できる専門店や、購入した量販店に相談してください。また、充電器にセットしても充電できない場合は、バッテリーの劣化や、過放電による破損の可能性があります。

Q 完全にロストした場合、どうすればいいですか？

A 飛行場所の管理者へ連絡してください。

ひらけた場所や専用飛行場の場合は周囲の人に声をかけて探すことができますが、公共の場所などで墜落してしまった場合は、その管理者に連絡してください。大型ドローンの場合は第三者に被害を与える可能性がありますので、近くの交番や警察署への連絡や確認もしたほうがよいでしょう。

Q ホビー用のドローンはこれからどう進化していくでしょうか？

A より簡単に、より専門的に、選択の幅が広がるでしょう。

より安定性が高く、フライトや空撮を行いやすい機体が増えてくると予想されます。それと同時に、海外で人気を集めている「ドローンレース」などに特化した、ダイナミックな操作が可能な機体も出てくるかもしれません。ユーザー層や選択肢はさらに広がっていくでしょう。

わからない言葉があったらチェック!

ドローン用語辞典

ドローンの初心者にとっては難しい専門用語をまとめて解説しました。本書を読んでわからない言葉があったときは、参考にしてください。

4K	FHDの4倍の高解像度の動画規格、4K UHD(4K Ultra High Definition)。
Ah(アンペアアワー)	バッテリーの容量を「電流(A)×時間(h)」で表す単位。
ESC	Electronic Speed Controllerの略称。モーターへ電気を流す時間を調整して、ローターの回転速度を制御する電子回路。
FPV	First-person Viewの略。ドローンに搭載されたカメラの映像をリアルタイムで見ながら飛行・撮影すること。
GPS	全地球測位システム(Global Positioning System)の略称。衛星を利用して、現在位置を測定するシステム。
H.264	動画圧縮規格の1つ。高い圧縮率を持ち、動画の記録・送信に幅広く使われ、ドローンのカメラの動画記録方式にも採用されている。
HD	高精細度ビデオ(High Definition video)の略称。1280×720をHD、1920×1080をFHD(Full High Definition video)と呼ぶ。
MOV	Apple社の開発した動画ファイル形式。一部のカメラで採用されている。
MP4	一般的に使用される国際標準規格の動画ファイル形式。
RTF	Ready to Flyの略称。フライトに必要な機材が全て揃ったセットのことを指す。
Wi-Fi	無線LANの統一規格。ドローンではカメラ画像の転送に使われている。
エルロン	左右移動の操作。モード1では右スティックの左右操作で行う。
エレベーター	前進／後進の操作。モード1では左スティックの上下操作で行う。
加速度センサー	物体の速度、移動方向を計測して機体を制御するセンサー。XYZの3軸がある。各軸のジャイロセンサーと合わせて6軸センサーと呼ぶ。
画素数	ディスプレイなどに表示される静止画や動画の総ピクセル数。
気圧(高度)センサー	気圧を感知して、機体高度を判断するセンサー。
技術基準適合認定証	電波を発する機器の国内での使用に必要な登録証明。認定を受けた機器には技適マークが表示されている。
キャリブレーション	センサーや計器が正しく計測・表示するための較正作業。
混信	同一周波数、または近い周波数の電波が混じり、正常に通信ができなくなること。

コンパス(地磁気センサー)	地磁気を検出して、方位を計測するセンサー。
ジャイロセンサー	物体の角度や回転動作を検知するセンサー。回転軸はXYZの3軸ある。
周波数帯	電波利用の際、用途によって割り当てられる帯域のこと。日本国内のドローンはWi-Fiと同じ2.4GHzの周波数を利用している。
ジンバル	機体の動きや傾きにかかわらず、カメラを水平に保つ装置。
スロットル	上昇/下降の操作。モード1では右スティックの上下操作で行う。
チャンネル、チャンネル数	チャンネルとは1つの電波の通信路。チャンネル数は1つの送信機で制御できるチャンネルの数で、多いほど複数の動作や機材が制御できる。
超音波センサー	超音波で対象物との距離を測るセンサー。地面と適度な距離を維持したり衝突を避けるのに役立つ。
チルト	上下方向の傾きのこと。カメラを上下方向に角度を変える動作。
トリム	操舵の中立位置が実際とずれている場合に現実に合わせ調整すること。
ドローン	無人航空機のこと。もともとはその羽音から「雄のハチ」のこと。
ノーコン	ノーコントロールの略。機体が制御できなくなること。
ハル	ローターが外部と接触することを防ぐガード。ローターガード。
ブラシレスモーター	電子回路を使って、電気的に電流を切り替えることで回転するモーター。メンテナンスの手間の少なさ、回転速度の安定性、ハイパワーが特徴。
フリップ	宙返り操作。
プロポ	プロポーショナルシステム(比例制御システム)の略。RCの世界では、送信機のことを指す。
ペイロード	機体に搭載できる機材の重さ。積載量。
ホバリング	スロットルを調整し、機体を空中で静止した状態に保つこと。
マルチコプター	複数のローターを持つヘリコプター型の機体のこと。一般的にドローンと呼ばれる。
モード	送信機の動作設定の違い。国によって異なり、モード1とモード2がある。
ラダー	左右旋回の操作。モード1では左スティックの左右操作で行う。
リターントゥーホーム	GPSを用いた自動帰還機能。
リポバッテリー	リチウムポリマー(Li-Po)バッテリーの略。
ロスト	飛行中にドローン本体を見失い、紛失すること。

おわりに

「飛ぶ！撮る！ドローンの購入と操縦
～はじめて買って飛ばすマルチコプター」いかがでしたか？

徐々にステップアップしていく過程も
楽しんでもらえると長続きしますので、
どんどん練習して自由に飛ばせるようにがんばってください。

ドローンの空撮は、普段撮影できない
アングルから撮ることが
可能になります。
今まで見たことがない絵を
動画に残すことができるので、
さまざまな被写体を撮影していきましょう。

その中で安全を優先することは忘れずに。
「この環境で墜落したらどうなるだろう…」と
リスクを考え、決して無理はしないでください。
また常日頃から点検・メンテナンスを心がけるのが上級者といえます。

何より大事なのは、初心者の気持ちを忘れずに続けることです。
誰もが通る初心者の道はあなたがいずれ振り返る道でもあります。
上からの目線ではなく優しく声をかけ、
お互いが楽しめる道を探していきましょう。

私は同じ趣味を楽しむ方ならどなたでも
いつかご一緒できればと思っています。
どこかで見かけたら気軽に声をおかけください。

高橋 亨

[カバーデザイン]	藤井耕志（Re:D）
[本文デザイン・DTP]	片野宏之（Zapp!）
[撮影]	小林友美、蔦野 裕、山田和幸
[イラスト]	田渕正敏
[協力]	セキド ハイテック マルチプレックス ジャパン
[編集]	大久保敬太、寺井麻衣 （ケイ・ライターズクラブ）

大人の自由時間

mini

飛《と》ぶ！撮《と》る！
ドローンの購入《こうにゅう》と操縦《そうじゅう》
はじめて買《か》って飛《と》ばすマルチコプター

2015年10月20日　初版　第1刷発行

[監修者]　高《たか》橋《はし》　亨《とおる》

[発行者]　片岡　巌

[発行所]　株式会社技術評論社
東京都新宿区市谷左内町21-13
電話　03-3513-6150：販売促進部
03-3267-2272：書籍編集部

[印刷／製本]　図書印刷株式会社

ISBN978-4-7741-7582-9　C2076
Printed in Japan